92

REIHE AUTOMATISIERUNGSTECHNIK

Herausgegeben von B. Wagner und G. Schwarze

Grundlagen der Elektronik

Rolf Wahl

VEB VERLAG TECHNIK BERLIN

REIHE AUTOMATISIERUNGSTECHNIK

ISBN 978-3-663-00612-1   ISBN 978-3-663-02525-2 (eBook)
DOI 10.1007/978-3-663-02525-2

Lektor: Jürgen Reichenbach
Bestellnummer: 9/6/4210·ES 20 K 2·DK 621.38.01
Alle Rechte vorbehalten. Copyright 1969 by VEB Verlag Technik, Berlin
VLN 210. Dg. Nr. 370/90/69 Deutsche Demokratische Republik
Gesamtherstellung: Druckerei Fortschritt Erfurt
Einbandgestaltung: Kurt Beckert

Eingetragene Schutzmarke des Warenzeichenverbandes
Regelungstechnik e. V., Berlin

Vorwort

Unter Elektronik sollte man — dem Wort nach — eine naturwissenschaftliche Disziplin verstehen, die sich speziell mit der Verhaltensweise der Elektronen beschäftigt. Seit etwa zwanzig Jahren werden alle Bauelemente als elektronisch bezeichnet, deren Funktion vorwiegend auf der Elektronenbewegung im Vakuum, in gasgefüllten Räumen und in Halbleiterkristallen beruht. Heute werden die wichtigsten Anwendungsgebiete dieser Bauelemente zusammenfassend Elektronik genannt. Das sind vorwiegend Bereiche innerhalb der Meßtechnik, der Steuerungs- und Regelungstechnik, der Nachrichtentechnik und der Datentechnik.

Der vorliegende Band der REIHE AUTOMATISIERUNGSTECHNIK befaßt sich mit einigen Grundschaltungen, die in diesen Techniken häufig verwendet werden. Da der Umfang des Bandes Einschränkungen erfordert, wurden die Beschreibungen von Röhrenschaltungen und die Berechnung der Baustufen stark eingeschränkt. Für Leser, die Grundlagenkenntnisse ergänzen wollen oder tiefere Einblicke in die Elektronik suchen, wurde eine Zusammenstellung empfehlenswerter Fachliteratur beigefügt.

Den Herren *B. Wagner* und *M. Schäfer* sei an dieser Stelle für ihre unterstützenden Hinweise bei der Anfertigung des Manuskriptes gedankt.

Zella-Mehlis *R. Wahl*

Inhaltsverzeichnis

Übersicht über beschriebene Schaltungen

Benennung	Schaltungs-kurzzeichen	Funktion — Eingang	Funktion — Ausgang	Schaltungs-beispiel	Beschreibung im Abschnitt
Wandler					
Gleichrichter					2.1.
Wechselrichter				Transverter	2.2.
Gleichspannungs-wandler				Transverter und Gleichrichter	2.3.
Verstärker					3.
Generatoren					
Sinusgenerator				Meißnerschaltung	4.1.
Kippgenerator					4.2.
Impulsgenerator				astabiler Multivibrator	4.3. 7.3.
Impulsformer					
Schwellwert-schalter				Schmitt-Trigger	5.2. 7.4.
monostabile Schaltung				Univibrator	5.3. 7.5.
bistabile Schaltung				Flip-Flop	5.4. 6.5. 7.6.
Logikglieder					
Konjunktion		$\begin{array}{c|c} E_1 & E_2 \\ \hline 0 & 0 \\ L & 0 \\ 0 & L \\ 0 & L \end{array}$	$\begin{array}{c} A \\ \hline 0 \\ 0 \\ 0 \\ L \end{array}$		6.1.
Disjunktion		$\begin{array}{c|c} E_1 & E_2 \\ \hline 0 & 0 \\ L & 0 \\ 0 & L \\ L & L \end{array}$	$\begin{array}{c} A \\ \hline 0 \\ L \\ L \\ L \end{array}$		6.2. 7.2.
Negation		$\begin{array}{c} E \\ \hline 0 \\ L \end{array}$	$\begin{array}{c} A \\ \hline L \\ 0 \end{array}$		6.3. 7.2.
NAND		$\begin{array}{c|c} E_1 & E_2 \\ \hline 0 & 0 \\ L & 0 \\ 0 & L \\ L & L \end{array}$	$\begin{array}{c} A \\ \hline L \\ L \\ L \\ 0 \end{array}$		6.4.
NOR		$\begin{array}{c|c} E_1 & E_2 \\ \hline 0 & 0 \\ L & 0 \\ 0 & L \\ L & L \end{array}$	$\begin{array}{c} A \\ \hline L \\ 0 \\ 0 \\ 0 \end{array}$		6.4. 7.2.

1.   Bauelemente (Übersicht)

Als Bauelemente sind die kleinsten Bestandteile eines elektrischen Geräts zu verstehen, die selbständige Funktionen ausüben können.

Im Rahmen dieser Schrift sollen nur einige Möglichkeiten gezeigt werden, unter welchen Gesichtspunkten Bauelemente betrachtet werden können. Einzelheiten über Aufbau und Funktion der Bauelemente sind in der Literatur (z. B. RA 2; RA 7) zu finden.

Den hier angestellten Betrachtungen liegen folgende Gesichtspunkte zugrunde:

a) inneres Leitungsprinzip: elektrische, elektronische und nichtelektronische Bauelemente

b) funktionelle Abhängigkeit einer Kenngröße von einer anderen: lineare und nichtlineare Bauelemente

c) Wirkung auf hindurchfließende Signale: aktive und passive Bauelemente

Dabei kann jeder einzelne Bauelementetyp unter allen diesen (und noch anderen) Gesichtspunkten betrachtet werden.

Die Einordnung der *Bausteine* unter die Bauelemente ist Ansichtssache, weil Bausteine selbst eine Anzahl Bauelemente besitzen **oder** ersetzen. Allerdings sind diejenigen Teile der Bausteine, die die Funktion eines Bauelements ausüben, nicht in jedem Fall selbständig funktionsfähig. In einigen Standards werden die Bausteine der Mikroelektronik (Schaltkreisbausteine) als selbständige Einheiten aufgefaßt. Damit scheint auch die hier gewählte Einordnung der Bausteine als Bauelemente gerechtfertigt zu sein.

1.1.   Elektrische, elektronische und nichtelektronische Bauelemente

Im allgemeinen Sprachgebrauch unterscheidet man elektrische und elektronische Bauelemente und Geräte.

Diese Einteilung ist sachlich nicht einwandfrei. Der Begriff elektrische Bauelemente ist als übergeordnet zu betrachten und diesem die Begriffe elektronische und nichtelektronische Bauelemente unterzuordnen.

Unter dieser Betrachtungsweise sind als elektrische Bauelemente die Teile eines Stromkreises zu verstehen, die von einem Strom durchflossen werden oder über denen eine Spannung gemessen werden kann.

Als elektronische Bauelemente wurden ursprünglich solche elektrischen Bauelemente bezeichnet, in denen der elektrische Strom über eine Vakuum- oder Gasstrecke geleitet wird. Das ist in allen Röhren der Fall. Mit der Entwicklung und Verbreitung der Halbleiterbauelemente wurden auch diese zu den elektronischen Bauelementen gezählt, also Spitzendioden, Flächengleichrichter, Transistoren, Thyristoren usw.

Nichtelektronische Bauelemente sind z. B. Widerstandsbauelemente, Kondensatoren, Relais, Schalter, Steckverbindungen. Schaltleitungen, Leiterplatten, Lötstützpunkte u. ä. Teile werden inkonsequenterweise nicht als Bauelemente aufgefaßt, obwohl sie wesentliche Teile eines Stromkreises sein können.

Tafel 1. Verwendete Formelzeichen

Zeichen	Größe	Maßeinheit
E	elektrische Urspannung	1 V
U	elektrischer Spannungsabfall	
u; $\mathfrak{u}$	Momentanwert des Spannungsabfalls	
$\hat{u}$	Spitzen- oder Scheitelwert des Spannungsabfalls	
U_{eff}	Effektivwert des Spannungsabfalls	
U_{g}; U_{-}	Gleichspannung	
$\mathfrak{U}$	Wechselspannung	
$\varDelta U$; $\varDelta u$	Restwechselspannung	
I	Stromstärke	1 A
i; $\mathfrak{i}$	Momentanwert der Stromstärke	
	(Alle übrigen Stromstärkesymbole entsprechen den	
	Symbolen für die elektrische Spannung)	
$\mathfrak{R}$	Widerstand (allgemein, komplex)	1 Ω
R; W	Widerstand (ohmscher, Gleichstromwiderstand	
R_{L}	Belastungswiderstand	
R_{p}	Parallelwiderstand	
R_{v}	Vorwiderstand	
$\mathfrak{G}$	Leitwert (allgemein, komplex)	1 S
G	Leitwert (ohmscher, Gleichstromleitwert)	
	(Alle übrigen Leitwertsymbole entsprechen den	
	Symbolen für den Widerstand)	
C	Kapazität	1 F
$\mathfrak{E}$	elektrische Feldstärke (Vektor)	1 V cm^{-1}
e	Momentanwert der elektrischen Feldstärke	
L	Induktivität	1 H
$\mathfrak{H}$	magnetische Feldstärke (Vektor)	1 A m^{-1}
$\mathfrak{h}$	Momentanwert der magnetischen Feldstärke	
w	Windungszahl	—
t	Zeit (allgemein)	1 s
T	Periodendauer	
t_0	Anfangszeit eines Vorganges	
$\varDelta t$	Differenz zwischen zwei Zeitpunkten	
t_{an}; t_{0L}	Anstiegszeit	
t_{ab}; t_{L0}	Abfallzeit	
τ	Zeitkonstante	1 s
τ_{C}	kapazitive Zeitkonstante $= RC$	
τ_{L}	induktive Zeitkonstante $= LR^{-1}$	
f	Frequenz	1 s^{-1}
ω	Kreisfrequenz $= 2\,\pi f$	
s	Welligkeit	—
V	Verstärkungsfaktor	—
V_{imp}	Impulsverhältnis	—
ϑ	Temperatur	1 grd

Außer den angeführten Indizes werden noch verwendet:

    b Basisgröße eines Transistors

    c Kollektorgröße eines Transistors

    e Emittergröße eines Transistors

Alle weiteren Formelzeichen und Indizes werden im Text erläutert.

8

Eine Folge dieser Gruppierung der Bauelemente ist die Tatsache, daß man heute alle Geräte, die Röhren oder Halbleiterbauelemente enthalten, als elektronische Geräte bezeichnet. Allerdings können die Grenzen zwischen elektronischen und nichtelektronischen Geräten nicht immer scharf gezogen werden.

1.2. Lineare und nichtlineare Bauelemente

Funktionale Zusammenhänge zwischen zwei Größen werden durch grafische Darstellungen veranschaulicht. Je nach dem Verlauf der dargestellten Funktion spricht man von linearen und nichtlinearen Kennlinien. Diese Einteilung wird auch auf die Bauelemente selbst übertragen, wenn ihr Verhalten durch solche Kennlinien beschrieben werden kann.

Die Kennlinien können die Zeit t, die Spannung U, die Temperatur ϑ und andere Größen als unabhängige Veränderliche enthalten. In den nachfolgenden Betrachtungen beschränken wir uns auf Zeit-, Spannungs- und Temperaturabhängigkeit.

1.2.1. Zeitabhängigkeit

Sowohl die über dem Bauelement stehende Spannung als auch der das Bauelement durchfließende Strom können zeitabhängig sein.

Die allgemeine mathematische Schreibweise

$$u;\, i = f(t)$$

besagt, daß die Spannung u oder der Strom i eine Funktion der Zeit t ist. Für eine lineare Funktion lautet die Gleichung

$$u;\, i = a + bt$$

In der grafischen Darstellung erscheint eine Kennlinie, die dieser Funktion genügt, als ansteigende oder abfallende gerade Linie, je nachdem, ob b größer oder kleiner als Null ist (Bild 1). Der Koeffizient (Beiwert) a sagt aus, welchen Wert die abhängig veränderliche Größe u oder i zu Beginn des betrachteten Zeitraumes, also zur Zeit $t = 0$ hat.

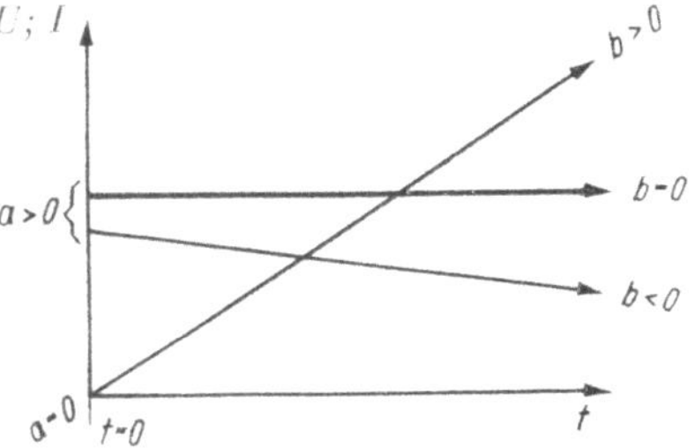

Bild 1
Lineare Funktionen $U;\, I = f(t)$

Widerstandsbauelemente mit rein ohmschem Widerstand sind unter gewissen Bedingungen zeitlineare Bauelemente. Wenn Temperatur und Spannung konstant gehalten werden, gehorcht die Stromfunktion der genannten Gleichung mit den Koeffizienten $a > 0$ und $b = 0$. Bei gleichmäßiger Temperaturzunahme ($\vartheta = k \cdot t$) wird $b < 0$, so daß in einem begrenzten Bereich eine abfallende Gerade als Strom-Zeit-Kennlinie entstehen kann.

Kapazitive und induktive Bauelemente verhalten sich nicht zeitlinear. Beim Ein- und Ausschalten erhält man unterschiedliche Kurvenformen für Ströme und Spannungen (Bilder 2 und 3). Die Zeitfunktionen für diese Kennlinien lauten:

	Einschalten	Ausschalten

Kondensator

Strom
$$i = I_1 \cdot e^{-\frac{t}{\tau_c}} \qquad\qquad i = I_2 \cdot e^{-\frac{t}{\tau_c}}$$

Spannung
$$u = \hat{u} \cdot \left(1 - e^{-\frac{t}{\tau_c}}\right) \qquad\qquad u = \hat{u} \cdot e^{-\frac{t}{\tau_c}}$$

induktive Bauelemente

Strom
$$i = \hat{\imath} \cdot \left(1 - e^{-\frac{t}{\tau_L}}\right) \qquad\qquad i = \hat{\imath} \cdot e^{-\frac{t}{\tau_L}}$$

In diesen Gleichungen bedeutet e die Eulersche Zahl mit dem Wert 2,718...

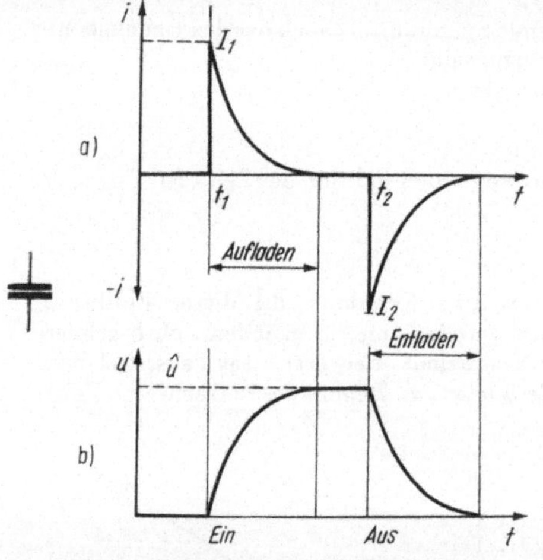

Bild 2. Strom- und Spannungsverläufe am Kondensator

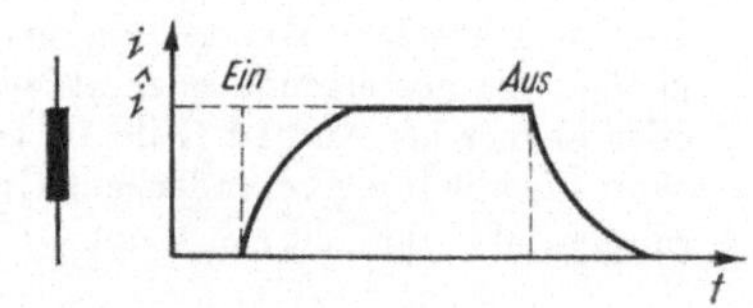

Bild 3. Stromverlauf an einem induktiven Bauelement

1.2.2. *Spannungsabhängigkeit*

Spannungslinear sind alle Bauelemente mit rein ohmschen Widerständen (Kohle- und Metallschichtwiderstände, bifilar gewickelte Drahtwiderstände), wenn sie unter konstanter Temperatur betrieben werden.

Der Begriff *ohmscher Widerstand* ist mit dieser Verhaltensweise eng verknüpft. Man versteht darunter die Eigenschaft Widerstand, wenn sie dem Ohmschen Gesetz

$$R = \frac{U}{I} = \text{konstant}$$

streng gehorcht. Es ist jedoch allgemein üblich, diese Zusammenhänge in der Form

$$I = f(U)$$

darzustellen. Damit erhält das Ohmsche Gesetz die Gestalt

$$I = \frac{1}{R}\,U$$

Im Bild 4 ist die Kennlinie eines Bauelements mit dem konstanten Widerstand $R = 1\,\text{k}\Omega$ wiedergegeben. Diesen Widerstandswert findet man in jedem Punkt der Kennlinie, wenn man die zu diesem Punkt gehörigen Spannungs- und Stromwerte gemäß obiger Gleichung durcheinander dividiert.

Halbleiter-Spitzendioden und -Flächengleichrichter, die zusammenfassend auch Richthalbleiter genannt werden und sich prinzipiell nur durch die Stärke der zulässigen Ströme in Durchlaßrichtung unterscheiden, haben nichtlineare, unsymmetrische IU-Kennlinien (Bild 5).

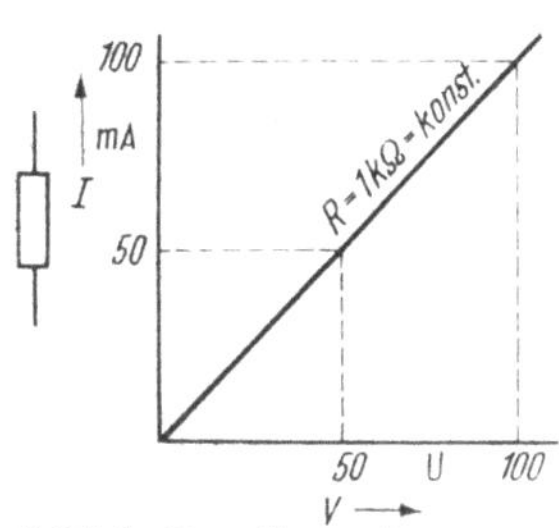

Bild 4. Kennlinie eines
ohmschen Widerstands

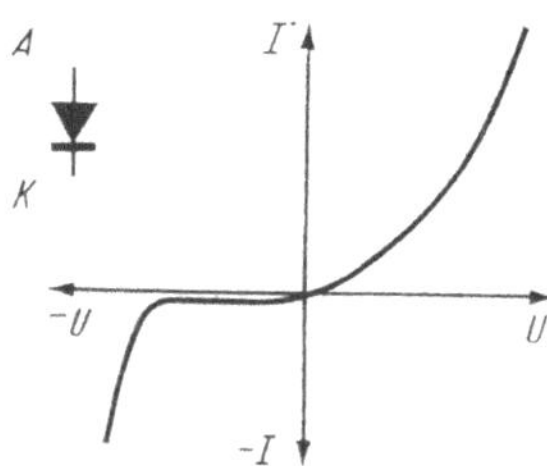

Bild 5. Kennlinie eines
Richthalbleiter-Bauelements

Im Bereich positiver Spannungen (Durchlaßrichtung), d. h., wenn innerhalb des Bauelements der Strom (sog. technische Stromrichtung angenommen!) von der Anode A zur Katode K fließt, hat die Kennlinie einen parabolischen Verlauf. Man kann in diesem Bereich den Strom-Spannungs-Verlauf durch die Gleichung

$$I \approx kU^2$$

näherungsweise beschreiben. Dabei ist k ein beliebiger, durch das Bauelement bestimmter Faktor.

Im Bereich negativer Spannungen (Sperrichtung), d. h., wenn ein Strom von der Katode zur Anode fließen soll, ist der Strom zwar nur sehr schwach, aber über einen größeren Spannungsbereich konstant, bis er dann plötzlich steil ansteigt. Der rasche Stromanstieg wird als Durchbrucheffekt bezeichnet. Spitzendioden und Flächengleichrichter werden gewöhnlich beim Erreichen dieses Spannungswertes, der auch nach seinem Entdecker *Zener*-Spannung genannt wird, zerstört. Bei den speziell entwickelten Z-Dioden wird gerade dieser Effekt ausgenutzt. Die Kennlinie eines solchen Bauelements ist im Bild 6 dargestellt.

Bild 6. Kennlinie einer Z-Diode

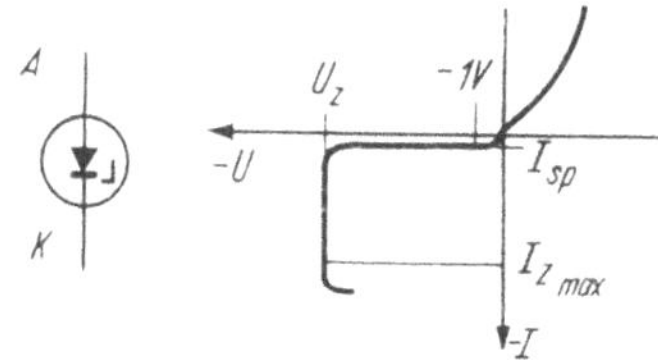

Die Kennlinie einer Glimm-Stabilisatorröhre (Bild 7) hat in ihrem Verlauf sehr viel Ähnlichkeit mit der Z-Diode. Der für die Anwendung wichtige Unterschied liegt im wesentlichen darin, daß die Glimmröhre mit höheren Spannungen, aber geringeren Strömen als Z-Dioden arbeiten.

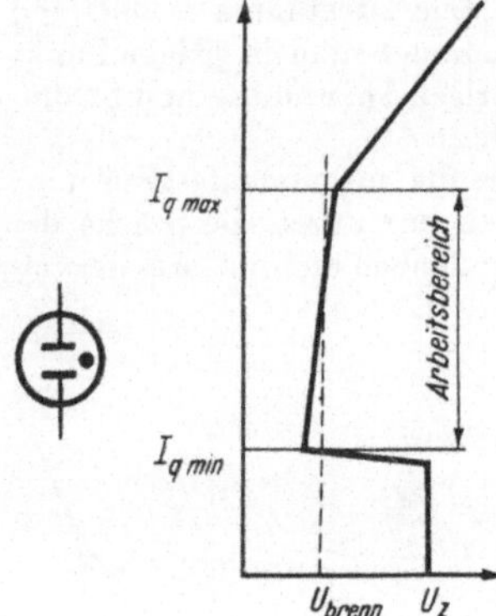

Bild 7. Kennlinie einer Glimm-Stabilisatorröhre

Die Vierschichtdiode (Bild 8) kann man sich durch Zusammensetzen zweier Dioden entstanden denken.[1]) Dabei ist zwischen den beiden Teildioden noch ein dritter Übergang mit der Schichtfolge np zustande gekommen. Daraus folgt, daß man sich auch die Kennlinie der Vierschichtdiode aus zwei entgegengesetzt laufenden Diodenkennlinien zusammengesetzt denken kann.

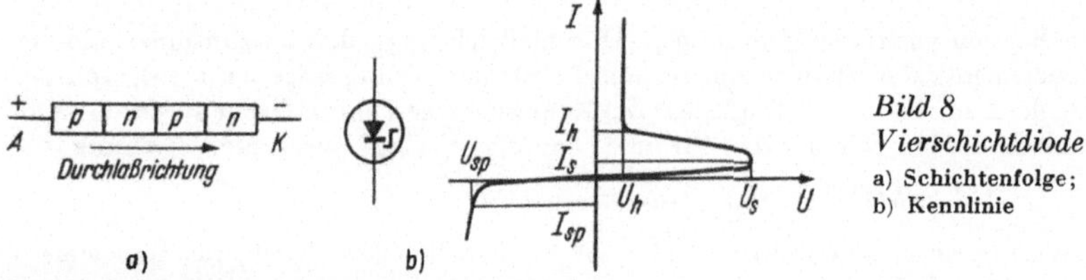

Bild 8
Vierschichtdiode
a) Schichtenfolge;
b) Kennlinie

Obwohl sich mit der Vierschichtdiode zahlreiche Schaltungen in recht einfacher Weise aufbauen lassen (s. Abschn. 4.), kommen diese Bauelemente verhältnismäßig wenig zum Einsatz.

Thyristoren sind prinzipiell in der gleichen Weise wie Vierschichtdioden aufgebaut und haben demzufolge auch Kennlinien von gleicher Gestalt. Da jedoch an eine dritte Elektrode (Tor) von außen eine Spannung angelegt werden kann, ist es möglich, den Schaltpunkt $(I_s; U_s)$ zu verschieben.

Transistoren sind Verstärker-Halbleiterbauelemente. Sie sind mit drei Elektroden ausgestattet: Basis B, Emitter E und Kollektor C. Die über diese Elektroden fließenden Ströme werden positiv angegeben, wenn sie in das Bauelement hineinfließen. Bei pnp-Transistoren fließt aber nur der Emitterstrom hinein, während Basis- und Kollektorströme herausfließen. Deshalb werden die Ströme mit einem

---

[1]) Das Schaltzeichen für die Vierschichtdiode im Bild 8, das auch in einigen nachfolgenden Schaltbildern verwendet wird, ist nicht standardisiert, wurde jedoch den standardisierten Schaltungskurzzeichen nachgebildet.

negativen Vorzeichen versehen. Für npn-Transistoren gelten grundsätzlich die
gleichen Zusammenhänge; es müssen lediglich die Vorzeichen aller Strom- und
Spannungsgrößen umgekehrt werden. In den Kennlinienblättern der Bauele-
mentehersteller werden üblicherweise Kollektorstrom I_C und Basis-Emitter-
Spannung U_{BE} als Funktionen von Kollektor-Emitter-Spannung U_{CE} und Basisstrom I_B für die Emitterschaltung angegeben. Zur vollständigen Charakteri-
sierung eines Transistors gehören vier Kennlinien. Die wichtigste ist die $I_C U_{CE}$-
Kennlinie. Bei konstant gehaltenem Basisstrom erhält man eine Kurve, die
zunächst steil ansteigt, aber bereits bei Spannungen $U_{CE} < 0{,}5$ V in eine Gerade
nahezu parallel zur U_{CE}-Achse übergeht (Bild 9a, Kurve 100 µA). Wird der
Basisstrom stärker oder schwächer eingestellt, erhält man Kurven ähnlichen
Verlaufs, aber mit größeren oder kleineren I_C-Werten. In dem so entstandenen
Kennlinienfeld Bild 9a ist der Basisstrom als Parameter enthalten.

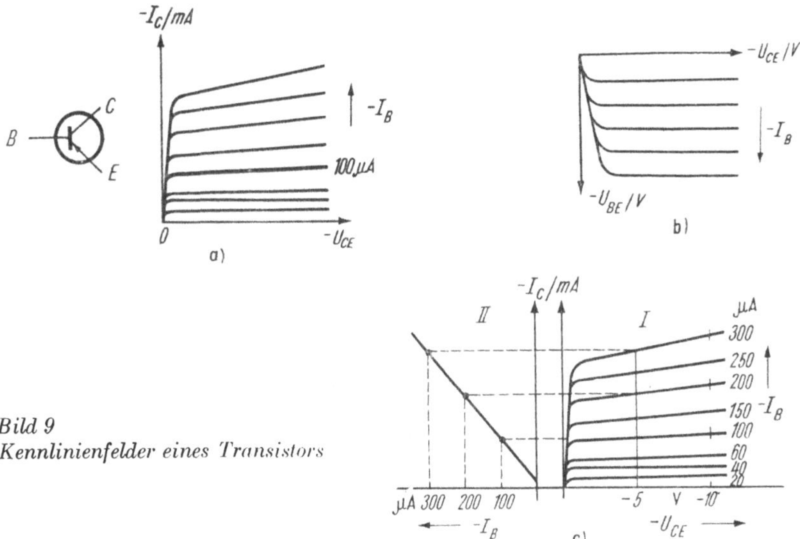

Bild 9
Kennlinienfelder eines Transistors

Unter der gleichen Bedingung (festgehaltener Basisstrom) kann man auch eine
$U_{BE} U_{CE}$-Kennlinie ermitteln. Durch Variation des Basisstroms läßt sich ebenfalls
ein Kennlinienfeld gewinnen (Bild 9b).
Außer diesen beiden experimentell bestimmten Kennlinien sind zwei weitere von
praktischer Bedeutung, die man durch Konstruktion daraus erhält. Im Bild 9c
ist die Konstruktion der $I_C I_B$-Kennlinie für die konstante Kollektor-Emitter-
Spannung $U_{CE} = -5$ V dargestellt. Man errichtet in $U_{CE} = -5$ V eine Senk-
rechte, die nacheinander alle Kurven des Kennlinienfeldes schneidet. Von jedem
Schnittpunkt geht man achsparallel nach links in das $I_C I_B$-Koordinatensystem,
bis man über dem gleichen I_B-Wert steht, von dessen $I_C U_{CE}$-Kurve man ausge-
gangen ist. Durch Wiederholung für mehrere Punkte erhält man eine Punktfolge,
die, wenn sie miteinander verbunden wird, die $I_C I_B$-Kennlinie ergibt.
In entsprechender Weise läßt sich aus dem $U_{BE} U_{CE}$-Kennlinienfeld die $U_{BE} I_B$-
Kennlinie konstruieren.

In den Kenndatenblättern für Transistoren findet man häufig diese vier Kenn-
linienarten in einer Darstellung vereinigt. Ein Beispiel dafür wird im Bild 10
gezeigt.
Die gleichen Kennlinien erhält man für npn-Transistoren, jedoch mit umgekehrten
Vorzeichen.

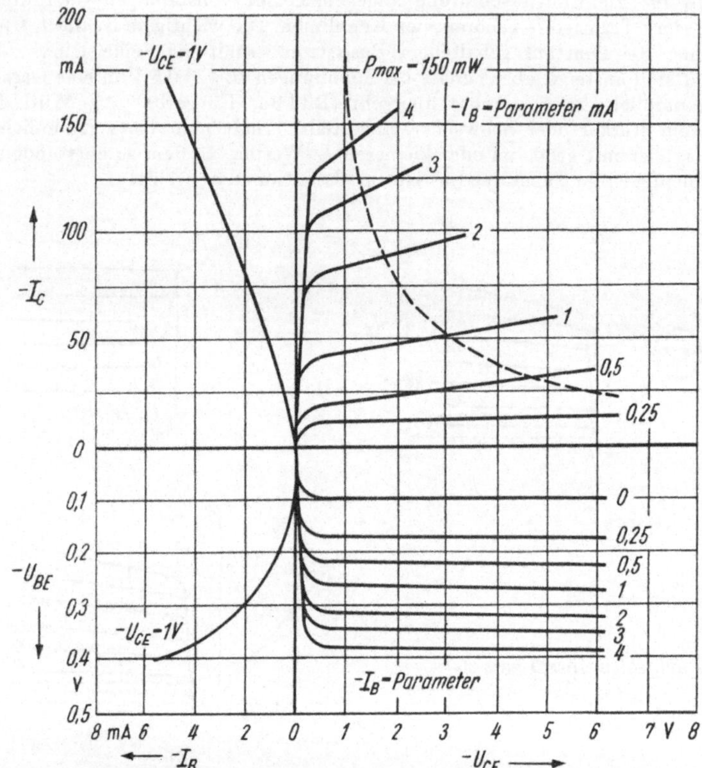

Bild 10. Zusammengefaßte Darstellung der Transistorkennlinien

1.2.3.   *Temperaturabhängigkeit*

Für Widerstandsbauelemente wurde die Einschränkung gemacht, daß sie nur
dann spannungslineare Kennlinien ergeben, wenn ihre Temperatur konstant
bleibt. Tatsächlich ist die Temperaturabhängigkeit der Kenndaten bei allen
Bauelementen zu beachten. Besonders unangenehm wird sie bei Halbleiterbauelementen wirksam. Im Gegensatz dazu wird bei Thermistoren die Temperaturabhängigkeit ausgenutzt.
Nach der Kurvenform unterscheidet man Heißleiter (NTC-Widerstände[1]) und
Kaltleiter (PTC-Widerstände[2])). Bei Heißleitern nimmt der ohmsche Widerstand

---

[1]) NTC = negativ thermical coefficient, engl.: negativer Temperaturbeiwert.
[2]) PTC = positiv thermical coefficient, engl.: positiver Temperaturbeiwert.

mit zunehmender Temperatur ab, dagegen steigt der Widerstand der Kaltleiter
mit der Temperatur an. Wie Bild 11 erkennen läßt, verlaufen die Kennlinien nur
in bestimmten Bereichen annähernd linear. Falls in einem Anwendungsfall
exakte Linearität gefordert wird, darf lediglich in diesem Teil der Kennlinie
gearbeitet werden.

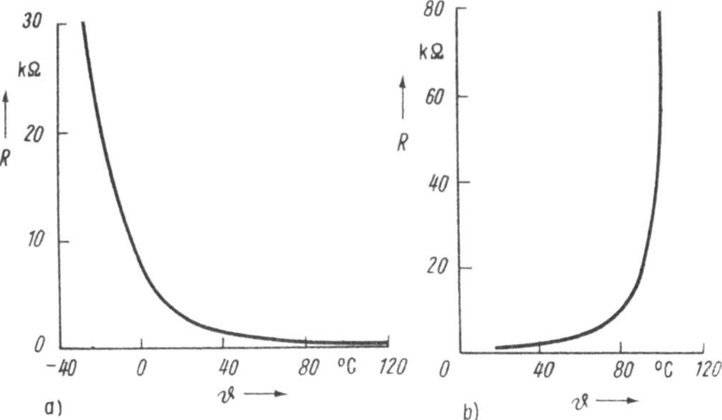

Bild 11. Kennlinien temperaturabhängiger Widerstände
a) Heißleiter; b) Kaltleiter

1.3. Aktive und passive Bauelemente

Diese Einteilung folgt aus der Wirkung der Bauelemente auf elektrische Signale.
Aktive Bauelemente bewirken eine Verstärkung der ankommenden Signale. Zu
diesem Zweck müssen diese Bauelemente mit elektrischer Hilfsenergie versorgt
werden. Der Fluß der Energie wird vom Eingangssignal gesteuert. Man kann
deshalb alle Verstärkerbauelemente als Energiezuführstellen auffassen. Allerdings ist die von einem aktiven Bauelement aufgenommene Energie weit größer
als die in den Signalfluß eingespeiste. Bei Röhren beträgt die Nutzenergie nur
einen Bruchteil der aufgenommenen. Die Differenz zwischen aufgenommener
und Nutzenergie stellt die Verlustenergie dar. Sie wird vorwiegend in Wärme
umgesetzt. Bei vielen Bauelementen muß die Wärmeabgabe durch besondere
Kühlmaßnahmen begünstigt werden, um eine Zerstörung der Bauelemente zu
verhindern. Aus diesem Grund werden z. B. Halbleiterbauelemente für mittlere
und große Leistung mit Kühlschellen versehen oder auf Kühlbleche oder Kühl-
körper gesetzt. Passive Bauelemente dienen im Signalfluß zur Signalumformung.
Sie sind stets Energieumsatzstellen (Energiesenken), an denen ein Teil der
Signalenergie in Wärme umgewandelt wird. Bei Widerständen wird die Wärmeabgabe durch entsprechende Oberflächengestaltung begünstigt. Dadurch wird
zugleich die für das Bauelement zulässige Leistung bestimmt. Bei Kohleschicht-
widerständen besteht z. B. ein direkter Zusammenhang zwischen den geometrischen Abmessungen (Länge l und Durchmesser d) und der zulässigen Leistung.
Bei Drahtwiderständen erreicht man durch besondere Oberflächenbehandlung
(Zementieren, Glasieren), daß auch Bauelemente mit verhältnismäßig kleiner
Oberfläche für größere Leistungen eingesetzt werden können.
Zu den passiven Bauelementen zählt man außer Widerständen alle Arten Kondensatoren, Spulen, Halbleiterdioden und -gleichrichter. (Eine Ausnahme macht

lediglich der sog. gesteuerte Gleichrichter, der aber seiner Funktion nach ein Verstärkerbauelement ist!)
Im Widerspruch zu der hier beschriebenen sinnvollen Einteilung der Bauelemente werden in der ausländischen Literatur zuweilen Halbleiterdioden zu den aktiven Bauelementen gerechnet.

1.4. Bausteine

Die Zusammenfassung von Bauelementen einer Grundbaustufe (z. B. eines Verstärkers, eines Flip-Flops u. a.) zu einer neuen Einheit, die allgemein als Baustein bezeichnet wird, ist eine Folge des Entwicklungsprinzips der Elektronik, auf kleinem Raum möglichst umfangreiche Schaltungen unterzubringen. Zur Kennzeichnung des Raumbedarfs einer Schaltung wird die Packungsdichte oder Bauelementedichte angegeben. Sie beträgt in der herkömmlichen Bauweise der Rundfunk- und Fernsehgeräte ungefähr 0,05 Bauelemente je Kubikzentimeter (BE/cm^3).
Mit größerer Bauelementedichte werden die Verbindungsleitungen zwischen den Bauelementen verkürzt und vielfach Verbindungsstellen (z. B. Lötstellen) eingespart. Damit werden aber schädliche Leitungswiderstände, -kapazitäten und -induktivitäten sowie zusätzliche Energieverluste vermieden und die Funktionssicherheit der Schaltungen erhöht.
Die mit der Einführung der Bausteintechnologie erwartete Kosteneinsparung ist allerdings noch nicht bei allen z. Z. auf dem Markt befindlichen Bausteinsystemen erreicht worden. Die Bausteinsysteme tragen zumeist Firmenbezeichnungen, die den Aufbau eines einheitlichen Bezeichnungs- und Einteilungssystems erschweren. Für die folgende Übersicht konnten lediglich die Benennungen und Abkürzungen des rechten Zweiges einem Standardentwurf entnommen werden:

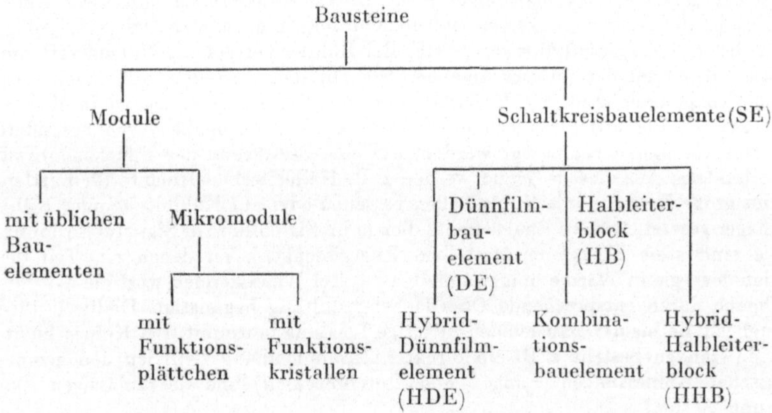

1.4.1. *Module*

Bausteine mit *üblichen Bauelementen* sind in RA 38 ausführlich beschrieben worden, so daß hier auf eine Wiederholung verzichtet werden kann. Ihre Packungsdichte beträgt etwa 0,5 ··· 1 BE/cm^3.

Mikromodule mit *Funktionsplättchen* enthalten nur in Ausnahmefällen herkömmliche Bauelemente. Man erzeugt vorwiegend die Bauelemente direkt auf Grundplättchen aus Glas oder Keramik. Dazu werden Schichten aus unterschiedlichem Material aufgedampft. Graphitschichten ergeben Widerstände, und durch abwechselndes Aufbringen von Metall- und Dielektrikumschichten erhält man Kondensatoren. Dioden und Transistoren werden in sehr flachen Gehäusen hergestellt und als gesonderte Bauelemente aufgesetzt. Die Unterseite der Plättchen kann mit Leiterzügen versehen sein (Bild 12). Die Plättchen werden übereinander gestapelt und durch Steigdrähte miteinander verbunden. Diese Drähte dienen der mechanischen Halterung der einzelnen Plättchen und stellen zugleich die elektrischen Verbindungen der Plättchen untereinander sowie des ganzen Bausteins nach außen her.

Die Packungsdichte liegt im Bereich von 3 ⋯ 5 BE/cm^3.

Bild 12. Mikromodule mit Funktionsplättchen
(Werkfoto: VEB Keramische Werke Hermsdorf)

Mikromodule mit *Funktionskristallen* (Thomson-Mikromodule) enthalten vorwiegend Siliziumkristalle etwa von der Größe 0,5 mm × 0,5 mm × 2,5 mm. Widerstände werden durch homogene Si-Kristalle dargestellt. Kondensatoren, Dioden und Transistoren gewinnt man durch Eindiffundieren von Fremdatomen in die Si-Kristalle. Die Funktionskristalle werden auf Sockel montiert und mit Gehäusen verschlossen, die etwa die Größe eines üblichen Transistors haben. Die Packungsdichte beträgt etwa 10 BE/cm^3.

1.4.2. *Schaltkreise*

Bei diesen Bausteinen kann man nicht in jedem Fall einzelne Bauelemente erkennen. Wenn tatsächlich gesondert hergestellte Elemente verwendet werden, weichen sie von den herkömmlichen Formen ab. Verbindungsleitungen zwischen den einzelnen Zonen eines Bausteins sind nur selten erforderlich. Deshalb spricht man auch von *integrierten* Schaltkreisen.

In den nachfolgenden Abschnitten werden die technologischen Verfahren zur Herstellung der Schaltkreise als Grundlage einer Einteilung gewählt.

Beim *Hybrid-Dünnfilmbauelement* dienen isolierende Glas- oder Glasfaserplättchen als Träger (Substrate). Sie haben die Größe von 1 ⋯ 2 cm². Leiterzüge, Widerstände und Kondensatoren werden direkt auf dem Trägermaterial erzeugt.

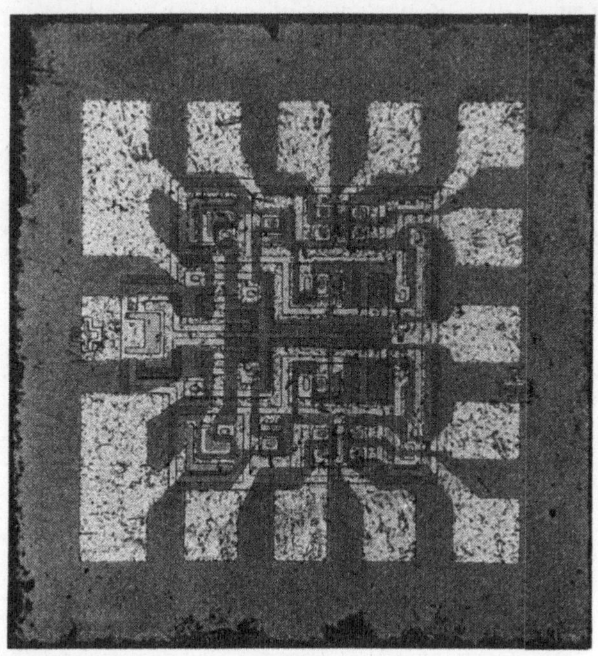

Bild 13. Integrierte Schaltung für Dioden-Transistor-Logik
(Werkfoto: Intermetall, Freiburg/Br.)
Originalgröße des Elements: 1 mm, 1 mm × 1,1 mm;
Größe des verschlossenen Bausteins: 6,35 mm × 6,35 mm × 1,27 mm

Dazu sind mehrere Verfahren mit unterschiedlichem technischen Aufwand entwickelt worden, die zu Bausteinen mit geringerer oder größerer Genauigkeit führen. In jedem Verfahren werden Aluminium und Gold als Leitermaterial; Graphit, Tantal oder Chromlegierungen als Widerstandsmaterial; Oxide von Tantal und Silizium als dielektrisches Material verwendet. Dioden und Transistoren werden in flachen Bauformen gesondert hergestellt und nachträglich eingelötet. Es sind auch Verfahren bekannt, bei denen die Halbleiterbauelemente ohne Gehäuse verwendet werden. Diese werden nach dem Aufsetzen mit dünnen Isolierschichten abgedeckt. Werden die übrigen Schichten nach dem Einbau der Halbleiterbauelemente aufgebracht, erhält man ein unzerlegbares, einheitliches (integriertes) Schaltkreisbauelement.

Die Packungsdichte wird von den Herstellern mit unterschiedlichen Werten zwischen 20 und 200 BE/cm^3 angegeben.

Bei *Dünnfilmbauelementen* werden alle aktiven und passiven Bauelemente durch Aufbringen dünner Schichten hergestellt. Allerdings bereitet das Aufbringen der Halbleiterschichten für Dioden und Transistoren heute noch erhebliche technologische Schwierigkeiten. Deshalb wurden auch Versuche unternommen, Germanium als Trägermaterial zu verwenden, das bereits als eine Elektrode für die Halbleiterbauelemente dienen kann. Bei anderen Versuchen wurde ferromagnetisches und ferroelektrisches Material aufgedampft, mit dem man nach entsprechender Behandlung ähnliche Effekte wie mit Halbleitern erzielen soll.

Die noch nicht gelösten Probleme der reinen Dünnfilmtechnik behindern gegenwärtig noch deren Einführung in großer Breite. *Halbleiterblöcke* — in der Literatur auch monolithische Schaltkreise genannt — werden aus Halbleitergrundmaterial — vorwiegend Silizium — hergestellt.

Auf die Grundkörper von etwa 0,1 mm Dicke wird im *Epitaxie*-Verfahren eine Halbleiterschicht aufgetragen, die wie das Grundmaterial n- oder p-leitend sein kann, aber einen höheren spezifischen Widerstand hat. Die Kristalloberfläche wird durch eine Oxidschicht abgeschlossen. Anschließend werden im *Planar*-Verfahren Fenster eingeätzt, durch die man Leiterschichten aus Gold oder Aluminium aufdampft oder im *Diffusions*verfahren Si-Schichten mit entgegengesetzter Leitfähigkeit erzeugt.

In dieser Technik lassen sich alle Bauelemente, also auch Dioden und Transistoren, herstellen. Leiterzüge sind nicht vorhanden, weil die einzelnen Funktionszonen unmittelbar ineinander übergehen.

Die Oberfläche eines Blockes beträgt etwa 1 ··· 3 mm^2 (Bild 13). Bei der Herstellung werden auf einer Siliziumscheibe etwa 200 Blöcke gleichzeitig fertiggestellt und am Schluß durch Zersägen getrennt.

Man rechnet bei dieser Technik mit einer Packungsdichte von etwa 10^3 BE/cm^3.

Hybrid-Halbleiterblöcke werden durch Anwendung zweier technologischer Verfahren gewonnen: Dioden und Transistoren stellt man in der Halbleiterblocktechnik aus Si-Blöcken her; Widerstände, Kondensatoren und Leiterzüge werden durch Aufdampfen in der Dünnfilmtechnik gewonnen.

Die Packungsdichte soll etwa die gleiche wie die der Halbleiterblöcke sein.

In der *Kombinationstechnik* werden Schaltkreisbauelemente, die nach verschiedenartigen technologischen Verfahren hergestellt wurden, zu einer komplexen Ausführung vereinigt. Dabei können auch einzelne gesonderte Bauelemente eingesetzt werden. Alle Schaltkreisbauelemente werden in zylindrischen oder quaderförmigen Gehäusen untergebracht oder in quaderförmigen Einbettungen aus Keramik oder Kunststoffen hermetisch abgeschlossen.

Obwohl man prinzipiell alle herkömmlichen Bauelemente (Widerstände, Kondensatoren, Dioden, Transistoren) in den Schaltkreisen als kleine Funktionszonen bilden kann, beschränkt man sich vielfach auf eine geringere Anzahl von Bauelementetypen. Diese Beschränkung ist möglich geworden, nachdem Logiksysteme integrierter Schaltkreise entwickelt wurden, die nicht alle Bauelementearten in einem System benötigen. Ursprünglich gab die Benennung eines Systems die typischen Bauelemente innerhalb des Systems an. Bei der Weiterentwicklung dieser Systeme wurden allerdings Bezeichnungen eingeführt, die sich auf Kopplungsarten oder Lastverhältnisse beziehen. Folgende Übersicht soll die Zusammenhänge zwischen den bekanntesten Systemen wiedergeben:

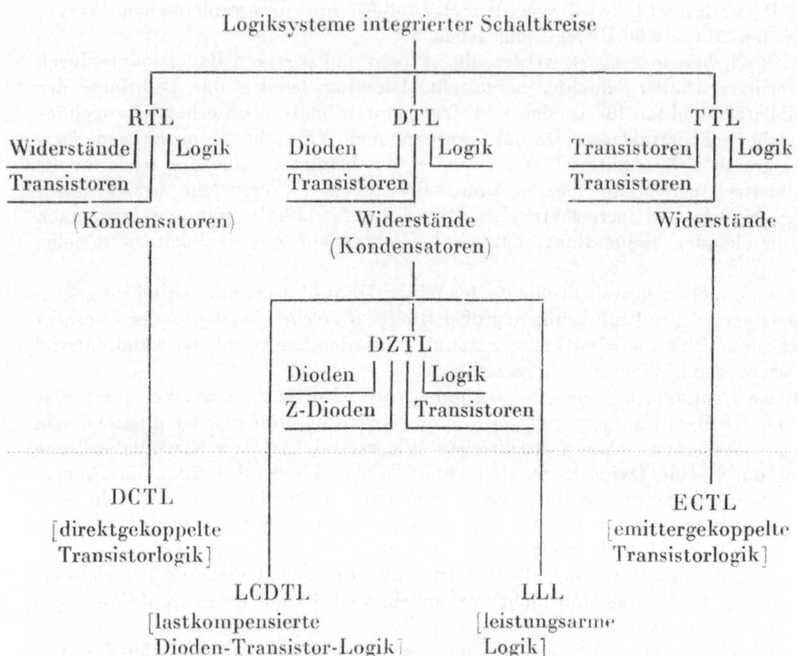

Die in Klammern ( ) gesetzten Bauelementetypen können in diesen Systemen vorhanden sein, sind aber nicht typisch für das betreffende System.

Im Abschn. 7. dieses Bandes wird ein System der RT-Logik mit seinen Anwendungsmöglichkeiten beschrieben. Über Aufbau und Anwendung der übrigen Logiksysteme findet man in der Literatur [13] ausführliche Informationen.

2. Stromversorgung

Tafel 2. Stromversorgungseinrichtungen: Übersicht

Eingang	Gerät bzw. Schaltung	Ausgang
Wechselstrom	Transformator (Umspanner)	Wechselspannung gleicher Frequenz Spannung erhöht oder herabgesetzt
	Umformer	Wechselspannung anderer Frequenz
	Umformer	Gleichspannung
	Gleichrichter	Gleichspannung
Gleichstrom	Wechselrichter (Transverter)	Wechselspannung
	Spannungswandler	Gleichspannung Spannung erhöht

Als Stromversorgung bezeichnet man Baugruppen oder Teile einer Anlage, die einem Gerät oder einer Anlage die elektrische Energie in der Form zur Verfügung stellt, wie sie vom Gerät oder von der Anlage gefordert wird. In der Regel werden die Stromversorgungsanlagen vom Energienetz gespeist. Die verschiedenartigen heute im Gebrauch befindlichen Stromversorgungen der Informationselektrik kann man grob nach der in Tafel 2 angegebenen Weise gliedern. Im nachfolgenden sollen nur Gleich- und Wechselrichterschaltungen beschrieben werden.

2.1. Gleichrichterschaltungen

Die Bezeichnung Gleichrichter ist nicht eindeutig. Man kann darunter Gleichrichterbauelemente, Gleichrichterschaltungen und komplette Gleichrichtergeräte verstehen. In den nachfolgenden Abschnitten werden Gleichrichter*schaltungen* behandelt.

2.1.1. *Grundschaltungen*

Man unterscheidet:

Gleichrichterschaltungen

Einwegschaltungen   Doppelwegschaltungen

Gegentaktschaltungen   Brückenschaltungen

In der älteren Literatur werden Einwegschaltungen auch als Halbweg- und Doppelwegschaltungen als Vollweggleichrichter bezeichnet.
In den meisten Fällen wird die Netzwechselspannung von einem Transformator umgespannt (d. h. die Spannung herauf- oder herabgesetzt) und anschließend durch Gleichrichterbauelemente (Gleichrichterröhren, Halbleitergleichrichter) in Gleichspannung umgewandelt.

Einwegschaltung

Aufbau und Arbeitsweise. Bild 14a zeigt eine Einwegschaltung. Das Symbol für das Gleichrichterbauelement kann sowohl ein beliebiges Gleichrichterbauelement als auch speziell ein Halbleitergleichrichter bedeuten.

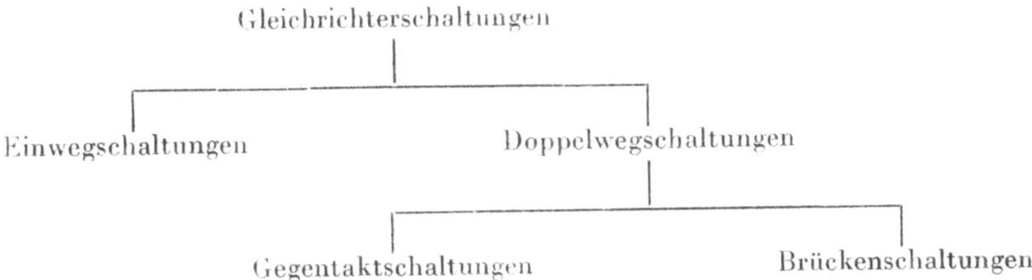
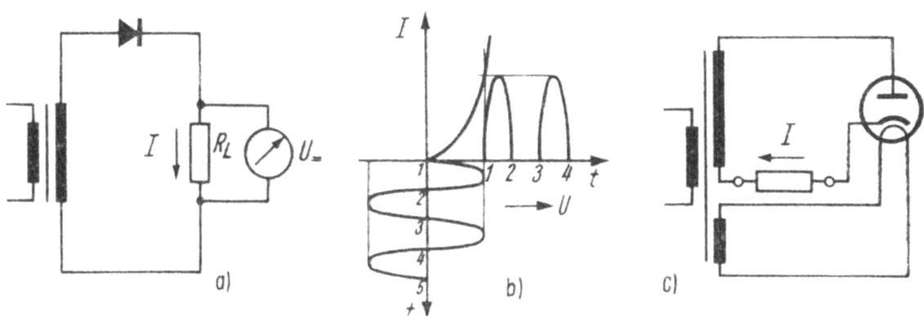

Bild 14. Einweggleichrichter
a) Stromlaufplan; b) Kennliniendarstellung; c) Röhrenschaltung

Infolge der nichtlinearen, unsymmetrischen IU-Kennlinie des Gleichrichterbau-
elements (s. Bild 5) kann die an der Sekundärwicklung des Transformators anliegende Wechselspannung nur in der Durchlaßrichtung des Gleichrichterbau-
elements einen nutzbaren Strom hervorrufen. In der entgegengesetzten Stromrichtung ist der Innenwiderstand so hoch (Größenordnung $M\Omega$), daß lediglich
ein vernachlässigbar schwacher Strom fließt: Der Gleichrichter sperrt.

Wie Bild 14b darstellt, fließt ein pulsierender Gleichstrom I in diesem Kreis
und somit auch über den Belastungswiderstand R_L. Ein anstelle des Spannungs-
messers im Bild 14a geschalteter Oszillograf würde eine Spannung anzeigen,
deren Form mit der Strom-Zeit-Kurve übereinstimmt: Sie ist zwar ihrer Richtung nach eine Gleichspannung, ihre Augenblickswerte schwanken jedoch periodisch mit der Netzfrequenz zwischen dem Spitzenwert u und Null.

Wird als Gleichrichterbauelement eine Röhre verwendet, ist eine Heizspannung
erforderlich. Bei indirekt geheizten Röhren entnimmt man den Heizstrom einer
zusätzlichen Sekundärwicklung des Transformators (Bild 14c).

Spannungen und Ströme: Die Sekundärwicklung des Transformators und das
Gleichrichterbauelement kann man als Spannungsquelle auffassen. Theoretisch
wird die Urgleichspannung

$$E = \frac{1}{\pi}\,\hat{u} \approx 0,45 \cdot U_{\text{eff}}$$

anliegen. Der im Stromkreis fließende Gleichstrom wird

$$I = \frac{E}{R} \quad \text{(Ohmsches Gesetz)}.$$

Der Widerstand R setzt sich in diesem Fall aus
dem Durchlaßwiderstand des Gleichrichters R_{GL}
dem Transformatorwiderstand R_T
und dem Belastungswiderstand R_L
zusammen:

$$R = R_{GL} + R_T + R_L$$

Der Transformatorwiderstand besteht aus dem Sekundärwiderstand r_2 und dem
auf die Sekundärseite übertragenen Anteil des Primärwiderstands r_1:

$$R_T = r_2 + (w_2/w_1)^2\, r_1$$

Über dem Belastungswiderstand R_L wird der Spannungsabfall

$$U = IR_L \approx 0,45\, U_{\text{eff}}\, \frac{R_L}{R}$$

gemessen.

Doppelwegschaltungen

Während bei Einwegschaltungen nur *eine* Halbwelle der Wechselspannung zur
Erzeugung der Gleichspannung genutzt wird, verwenden Doppelwegschaltungen
beide Halbwellen.

Gegentaktschaltung (Mittelpunktschaltung)

Aufbau und Arbeitsweise: Von den beiden Gleichrichtern im Bild 15a wird in
jeder Halbperiode einer vom Strom durchflossen. Der Belastungswiderstand R_L

liegt zwischen der Verbindung beider Katoden und einer Mittelanzapfung der Sekundärwicklung. Dadurch wird der Widerstand in jeder Halbperiode in gleicher Richtung durchflossen.

Bild 15b stellt die Arbeitsweise der Schaltung an der Kennlinie dar. Durch die Zusammenschaltung der beiden Gleichrichterbauelemente entsteht eine symmetrische, nichtlineare Kennlinie. Durch Spiegelung je einer Halbwelle der Wechselspannung an einem Zweig der Kennlinie erhält man auf jeder Seite des Diagramms die Darstellung des pulsierenden Wechselstroms. Da die beiden pulsierenden Ströme phasenverschoben sind, addieren sie sich in dem von ihnen gemeinsam durchflossenen Widerstandszweig zu einem Strom mit doppelter Pulsfrequenz (Bild 15c).

Bild 15d zeigt die Gegentaktschaltung mit einer Doppelweggleichrichterröhre.

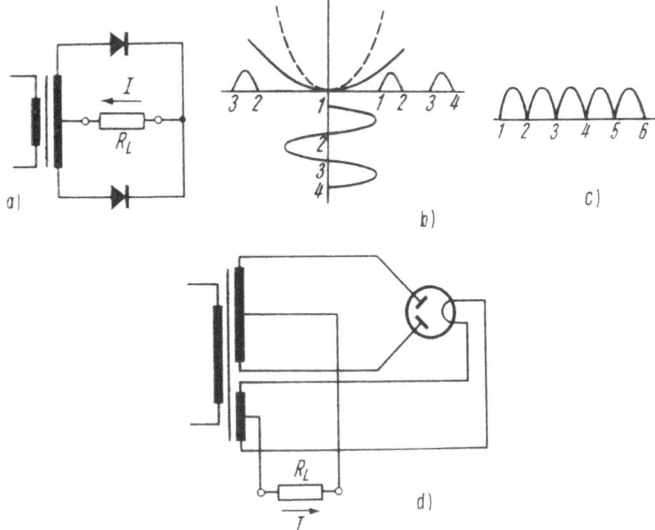

Bild 15. Gegentaktgleichrichter
a) Stromlaufplan; b) Kennliniendarstellung; c) Ausgangsspannung; d) Röhrenschaltung

Spannungen und Ströme: Der Mittelwert der Urspannung ist doppelt so hoch wie bei der Einwegschaltung

$$E = \frac{2}{\pi}\, \hat{u} \approx 0,9\, U_{\text{eff}}$$

Damit wird auch der im Stromkreis fließende Gleichstrom und der über dem Belastungswiderstand gemessene Spannungsabfall doppelt so hoch

$$U = I R_{\text{L}} \approx 0,9\, U_{\text{eff}} \cdot \frac{R_{\text{L}}}{R}$$

In diesen Gleichungen ist U_{eff} die Spannung über der halben Sekundärwicklung des Transformators. Bei der Ermittlung des Transformatorwiderstands R_{T} ist ebenso der Widerstand der halben Sekundärwicklung einzusetzen.

Brückenschaltung

Aufbau und Arbeitsweise: Diese Schaltung, die auch nach ihrem Erfinder *Graetz*-Schaltung benannt wird, benötigt vier Gleichrichterbauelemente (Bild 16a).
Liegt im Punkt *A* die positive Halbwelle der Wechselspannung, dann fließt der Strom über die Punkte *1, 2*, den Belastungswiderstand R_L, die Punkte *4, 3* zum Punkt *B*. Ist *B* positiv, nimmt der Strom den Weg *3—2—R_L—4—1* nach *A*. In beiden Fällen wird der Belastungswiderstand in der Richtung *2—4* durchflossen.

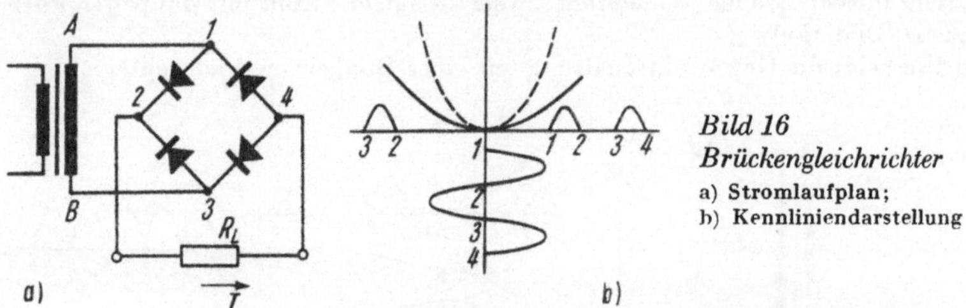

Bild 16
Brückengleichrichter
a) Stromlaufplan;
b) Kennliniendarstellung

Die Gleichrichterkennlinie dieser Schaltung (Bild 16b) ist gleichfalls symmetrisch. Jedoch ist die Parabel „gestaucht", weil der Strom in jeder Richtung zwei hintereinandergeschaltete Gleichrichterbauelemente durchfließt und somit den doppelten Widerstand R_{Gl} zu überwinden hat.
Spannungen und Ströme: Für die Brückenschaltung gelten die gleichen Beziehungen wie für die Gegentaktschaltung. Allerdings ist für die Berechnung des Gesamtwiderstands im Stromkreis der doppelte Gleichrichterwiderstand einzusetzen

$$R_{\text{Brücke}} = 2R_{Gl} + R_T + R_L$$

Vor- und Nachteile der beiden Doppelwegschaltungen: In der Gegentaktschaltung muß der Transformator sekundärseitig die doppelte Spannung liefern. Das erfordert größeren Wickelraum und höheren Materialaufwand. Da im Leerlauf (R_L unendlich groß) in jeder Halbwelle am sperrenden Gleichrichterbauelement die volle Spannung der gesamten Sekundärwicklung liegt, müssen diese Bauelemente die doppelte Nennspitzenspannung ($2\hat{u}$) aushalten.
Die Brückenschaltung erfordert die doppelte Anzahl von Gleichrichterbauelementen, von denen jedes aber nur für $\hat{u}$ ausgelegt zu sein braucht.
Aus diesen Tatsachen folgt, daß man in jedem konkreten Fall untersuchen muß, welche Schaltung am zweckmäßigsten angewendet wird.

2.1.2.   *Siebschaltungen*

Pulsierende Gleichspannungen und -ströme lassen sich in den meisten Fällen nicht gebrauchen. Die Schwankungen zwischen einem Maximalwert und Null können z. B. Signale, die von einer Schaltung übertragen werden sollen, zusätzlich modulieren oder die Nutzsignale mit Störsignalen überlagern, so daß die Brauchbarkeit der Nutzsignale in Frage gestellt wird. Deshalb werden derartige Spannungen und Ströme durch zusätzliche Bauelemente geglättet.
Ladekondensator. Eine für viele Zwecke bereits ausreichende Glättung erreicht man durch einen parallel zum Lastwiderstand geschalteten Kondensator (Bild 17).

Da hierzu große Kapazitäten (etwa 100 ··· 1000 μF) benötigt werden, verwendet
man Elektrolytkondensatoren.

Während der ersten Halbperiode lädt sich der Kondensator auf (Strecke $A-B$)
und entlädt sich in der folgenden Spannungslücke wieder (Strecke $B-C$). Dadurch
steigt zwar die Spannung nicht auf den Maximalwert $\hat{u}$ an, fällt aber in der
nachfolgenden Lücke auch nicht auf Null ab.

Zur Berechnung der über dem Ladekondensator bzw. Belastungswiderstand
liegenden Gleichspannung U_- wird auf die weiterführende Literatur, z. B. [28],
verwiesen.

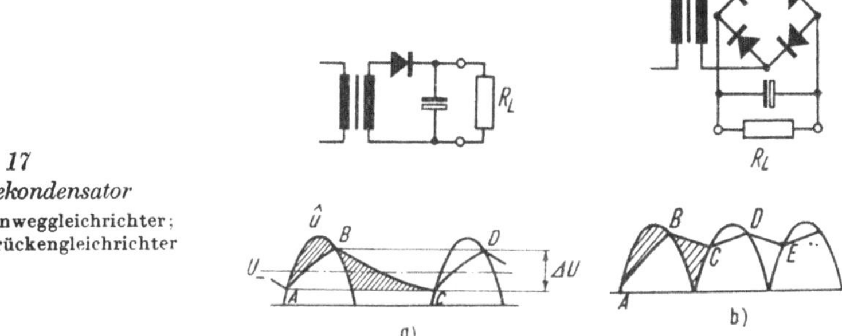

Bild 17

Ladekondensator

a) Einweggleichrichter;
b) Brückengleichrichter

Auch bei Verwendung eines Ladekondensators verbleibt noch ein restlicher
Wechselspannungsanteil ΔU. Für die Beurteilung der Glättung gibt man die
Welligkeit

$$w = \frac{\Delta U}{U_-} \qquad \text{(Bild 17 c)}$$

an. Da diese Größe dimensionslos ist, wird sie in der Regel in Prozent (%) angegeben.

Siebketten. Wenn die Glättung mit Ladekondensatoren nicht ausreicht, verwendet man RC- oder LC-Siebketten.

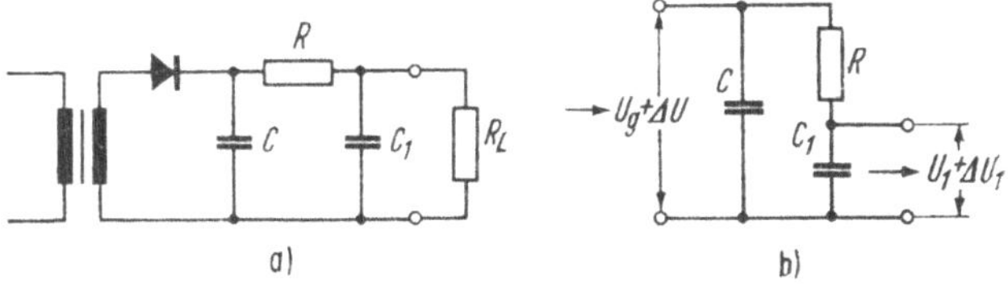

Bild 18. RC-Siebkette

a) Stromlaufplan; b) RC-Spannungsteiler

Im Bild 18a ist die übliche RC-Siebkette hinter einem Einweggleichrichter dargestellt. Zur Erläuterung der Wirkungsweise ist eine Darstellung gemäß Bild 18b
besser geeignet. Die Gleichspannung U_- und die Restwechselspannung ΔU stehen
über dem Ladekondensator C, aber auch über dem Spannungsteiler, der aus R
und C_1 besteht. Der Kondensator C_1 stellt für die Gleichspannung einen sehr
hohen Widerstand dar (praktisch ∞), gegenüber dem R vernachlässigt werden
kann. Folglich wird über C_1 die volle Gleichspannung U_- stehen. Die Rest-

wechselspannung ΔU dagegen erfährt sowohl über R als auch über C_1 einen Spannungsabfall. Da für die Restwechselspannung der Kondensator einen kleinen Widerstand darstellt, wird auch die über dem Kondensator feststellbare Wechselspannung ΔU_1 nur klein sein.

Siebfaktor. Zur Kennzeichnung der Wirkung einer Siebkette dient der Siebfaktor

$$V_{\mathrm{s}} = \frac{\Delta U}{\Delta U_1}$$

Da sich nach der Spannungsteilerregel die Spannungen wie die Widerstände verhalten, ist

$$V_{\mathrm{s}} = \frac{\left| R + \dfrac{1}{j\omega C_1} \right|}{\left| \dfrac{1}{j\omega C_1} \right|} = \sqrt{1 + R^2\omega^2 C_1^2} \approx R\,\omega\,C_1$$

Bei Doppelwegschaltungen hat die Restwechselspannung die doppelte Frequenz. Folglich ist bei diesen Schaltungen

$$V_{\mathrm{s}} = 2R\omega C_1$$

Ist der Siebfaktor noch zu klein, kann man eine zweite RC-Kombination hinter die erste legen. Dann wird

$$V_{\mathrm{s}} = V_{\mathrm{s}1} \cdot V_{\mathrm{s}2} = R_1 R_2 \omega^2 C_1 C_2$$

Sind beide Siebketten mit gleichen Bauelementen ausgelegt, wird

$$V_{\mathrm{s}} = R^2 \omega^2 C_1^2$$

Ausgangsspannung. Die über C_1 stehende Gleichspannung U_1 muß kleiner sein als die über dem Ladekondensator stehende Gleichspannung U_-, weil ein Teil der Gleichspannung über dem Widerstand R abfällt

$$U_1 = U_- \left(1 - \frac{R}{R_{\mathrm{i}} + R + R_{\mathrm{L}}} \right)$$

R_{i} Innenwiderstand des Gleichrichters und des Transformators
R_{L} Belastungswiderstand

LC-Siebketten enthalten statt des Widerstands R einen induktiven Widerstand ωL. Der Siebfaktor wird damit

Einweggleichrichter $\qquad\qquad V_{\mathrm{s}} = \omega^2 L C_1$
Doppelweggleichrichter $\qquad\quad V_{\mathrm{s}} = 4\omega^2 L C_1$

Bei richtiger Wahl der Induktivität L erreicht man eine bessere Siebung als mit RC-Siebketten, weil der Gleichspannungsabfall über der Induktivität kleiner ist als der an einem entsprechenden ohmschen Widerstand.

Schutzmaßnahmen. Die hohe Kapazität eines Lade- oder Siebkondensators birgt gewisse Gefahren. Da sich beim Einschalten der Gleichrichterschaltung der Ladekondensator erst einmal aufladen muß und gegenüber dem Einschaltstromstoß einen geringen Widerstand hat, fließt im Augenblick des Einschaltens ein

starker Strom. Das kann leicht dazu führen, daß eine Gerätesicherung im Primär-
stromkreis des Transformators, die für den Betriebsfall ausgelegt ist, durch-
brennt. Aus diesem Grund legt man häufig einen Schutzwiderstand mit dem
Ladekondensator in Reihe, der den Ladestrom begrenzt. Beim Ausschalten
haben sowohl Lade- als auch Siebkondensatoren noch die volle Betriebsspannung,
die sie je nach ihrer Güte und in Abhängigkeit vom Widerstand des Stromkreises
noch eine gewisse Zeit halten. Wenn für den Menschen die Gefahr besteht, daß
er mit den Kondensatoren oder den Ausgangsklemmen des Gleichrichters in
Berührung kommt, kann er leicht Schaden leiden — besonders dann, wenn die
Gleichspannung höher als 42 V ist. Man legt deshalb häufig einen hochohmigen
Schutzwiderstand parallel zum Kondensator, um nach dem Ausschalten dessen
schnellere Entladung zu garantieren.

2.1.3. *Stabilisierungsschaltungen*

Durch die Stabilisierung werden unerwünschte Änderungen einer Betriebsspannung verhindert. Derartige Änderungen können sowohl durch Schwankungen
in der Eingangsspannung (Netzspannungsschwankung) als auch durch veränderliche Belastung (Lastschwankungen) verursacht werden.
Die Prinzipschaltung für eine Spannungsstabilisierung ist im Bild 19 wiedergegeben.

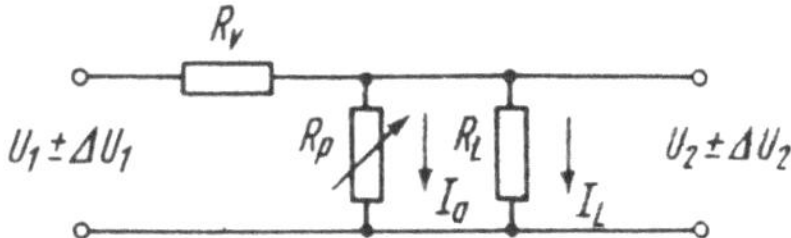

Bild 19
Stabilisierungsschaltung (Prinzip)

Für diese Schaltung folgt aus der Spannungsteilerregel

$$U_2 = U_1 \frac{R_\mathrm{p} \parallel R_\mathrm{L}}{R_\mathrm{v} + (R_\mathrm{p} \parallel R_\mathrm{L})} = U_1 \frac{R_\mathrm{p} \cdot R_\mathrm{L}}{R_\mathrm{v} R_\mathrm{p} + R_\mathrm{v} R_\mathrm{L} + R_\mathrm{p} R_\mathrm{L}}$$

Wenn am Eingang die Spannung um ΔU_1 verändert wird und diese Änderung
nicht die Ausgangsspannung U_2 beeinflussen soll, dann muß dieser zusätzliche
Spannungsanteil über dem Vorwiderstand R_v abfallen

$$\Delta U_1 = \Delta U_\mathrm{v}$$

Der Spannungsabfall U_v über dem Widerstand R_v wird durch die Gleichung

$$U_\mathrm{v} = R_\mathrm{v}(I_\mathrm{q} + I_\mathrm{L})$$

bestimmt. In dieser Gleichung sind R_v und I_L konstante Größen. Folglich muß
der Querstrom I_q verändert werden. Diese Änderung läßt sich aus der Gleichung

$$\Delta U_\mathrm{v} = R_\mathrm{v} \cdot \Delta I_\mathrm{q}$$

errechnen.
Bei Lastschwankungen muß

$$I = I_\mathrm{q} + I_\mathrm{L} = \text{konst.}$$

sein, wenn die Ausgangsspannung U_2 konstant bleiben soll. Das ist aber nur
dann der Fall, wenn die Stromänderung ΔI_L im Belastungswiderstand durch

eine gleich große, aber entgegengesetzt gerichtete Änderung des Stroms im Parallelzweig über R_q aufgehoben wird

$$\Delta I_q = -\Delta I_L$$

Damit wird offensichtlich, daß sowohl Netzschwankungen als auch Lastschwankungen durch Änderung des Stroms im Parallelwiderstand ausgeglichen werden können. Man verwendet deshalb veränderliche Parallelwiderstände R_p, deren Kennlinie im Arbeitsbereich bei geringer Spannungsänderung einen steilen Stromanstieg ausweist. Die bekanntesten Bauelemente dieser Art sind Glimm-Stabilisatorröhren (Bild 7) und Z-Dioden (Bild 6). Damit ergeben sich die Schaltungen der Bilder 20 und 21.

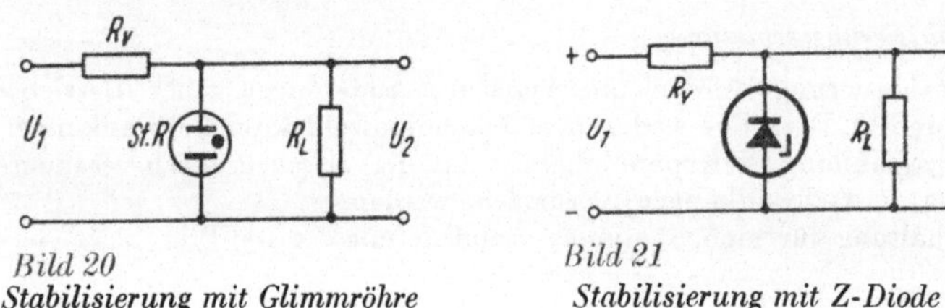

Bild 20
Stabilisierung mit Glimmröhre

Bild 21
Stabilisierung mit Z-Diode

Wird durch *ein* Stabilisatorglied keine ausreichende Stabilisierung erreicht, kann man ein weiteres Glied anfügen, das wiederum aus einem Vorwiderstand und einem parallelgeschalteten Stabilisatorbauelement besteht.

Für die Auswahl eines stabilisierenden Bauelements zum Einsatz in einer bestimmten Schaltung sind folgende Gesichtspunkte entscheidend:

a) Bei Stabilisatorröhren muß die Brennspannung U_{brenn} der von der Schaltung geforderten Ausgangsspannung U_2 und der mittlere Querstrom $I_{q\,mittel}$ annähernd dem mittleren Laststrom $I_{L\,mittel}$, der durch den Belastungswiderstand R_L fließt, entsprechen

b) Bei Verwendung von Z-Dioden entspricht die Zenerspannung U_z der Ausgangsspannung U_2 und der mittlere Laststrom $I_{L\,mittel}$ etwa dem mittleren Zenerstrom $I_{z\,mittel}$

c) Von entscheidender Bedeutung für die richtige Belastung des stabilisierenden Bauelements und eine hinreichend stabile Ausgangsspannung ist außerdem die Größe des Vorwiderstands R_v. Seine Berechnung ist mit einigem Aufwand verbunden, weshalb auf die weiterführende Fachliteratur (etwa [27] [28]) verwiesen wird

Sowohl Stabilisatorröhren als auch Z-Dioden werden zerstört, wenn sie falsch gepolt werden. Bei der Z-Diode ist besonders zu beachten, daß sie in Sperrichtung eingesetzt werden muß!

Wenn die Leistung einer Z-Diode nicht ausreicht, die vom Belastungswiderstand geforderte Leistung bereitzustellen, baut man Stabilisierungsschaltungen nach Bild 22 mit einem Leistungstransistor auf. Dabei wird mit der Z-Diode lediglich der Basisstrom stabilisiert. Die tatsächlich am Belastungswiderstand wirksame Leistung wird über den Emitter-Kollektorkreis bezogen. Der im Kollektorzweig liegende Widerstand R_2 dient nur als Überlastungsschutz für den Transistor. Die Ausgangsspannung ist geringfügig niedriger als die Zenerspannung.

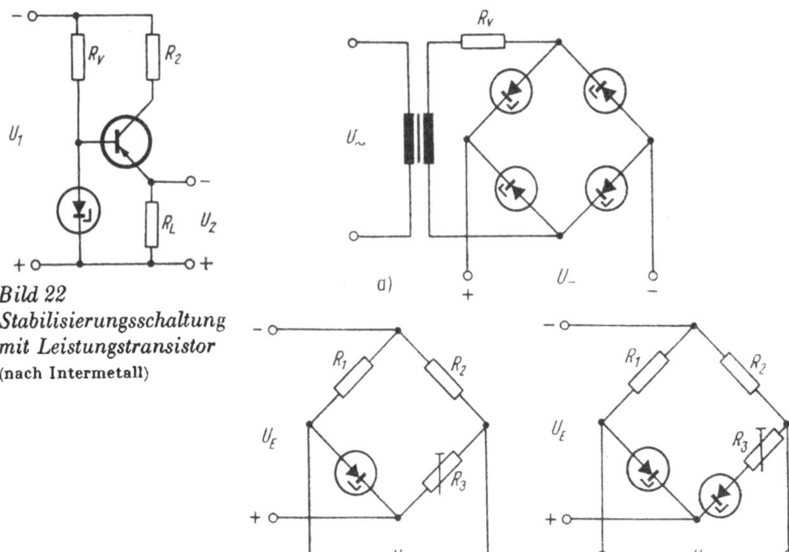

Bild 22
Stabilisierungsschaltung
mit Leistungstransistor
(nach Intermetall)

Bild 23. Brückenschaltungen mit Z-Dioden
(nach Intermetall)
a) Gleichrichterbrücke mit Z-Dioden; b) Stabilisierungsbrücke mit einer Z.-Diode:
c) Stabilisierungsbrücke für niedrige Spannung

Stabilisierungsfaktor. Als Kenngrößen einer Stabilisierungsschaltung sind sowohl Glättungsfaktor G als auch der Stabilisierungsfaktor S bekannt

$$G = \frac{\varDelta U_1}{\varDelta U_2} = 1 + \frac{R_v}{r_z}$$

$$S = \frac{\varDelta U_1}{\varDelta U_2}\,\frac{U_2}{U_1} = \left(1 + \frac{R_v}{r_z}\right)\frac{U_2}{U_1}$$

In diesen Gleichungen sind $\varDelta U_{1;2}$ die Spannungsschwankungen am Eingang und Ausgang der Schaltung und r_z der in den Kenndaten der Z-Dioden angegebene differentielle Widerstand.

Brückenschaltungen. Eine annähernd konstante Gleichspannung erhält man auch, wenn man die Gleichrichterbauelemente einer Brückenschaltung durch Z-Dioden ersetzt (Bild 23a). Die Stabilisierung wird um so besser, je höher die Sekundärwechselspannung und je größer der Vorwiderstand R_v ist.

Es ist auch möglich, stabilisierende Brückenschaltungen mit einer geringeren Anzahl Z-Dioden aufzubauen (Bilder 23b und c). Allerdings richten diese Brücken nicht selbst gleich; die erforderlichen Ein- oder Doppelweggleichrichter sind in den angegebenen Bildern nicht enthalten.

In der Schaltung nach Bild 23b muß das Verhältnis R_2/R_3 dem Verhältnis R_1/r_z entsprechen. Der differentielle Widerstand der Z-Diode r_z liegt in der Größenordnung $1 \cdots 100\ \Omega$. Zum genauen Abgleich eines der beiden Verhältnisse wird

ein Widerstand (im Bild ist es R_3) einstellbar gemacht. Die Schaltung nach
Bild 23c ist besonders für Spannungen unter 5 V geeignet. Die stabilisierte Ausgangsspannung entspricht der Differenz der beiden Zenerspannungen. Für eine
gute Stabilisierung muß die Gleichung

$$\frac{R_1}{r_{z1}} = \frac{R_2}{R_3 + r_{z2}}$$

erfüllt sein. Zum Abgleich ist wieder R_3 einstellbar. Mit den beiden letzten Schaltungen können Stabilisierungsfaktoren von der Größenordnung 10^3 erreicht
werden.

2.2. Wechselrichter (Transverter)

Wenn zur Stromversorgung von Wechselstromgeräten nur Batterien als Spannungsquellen zur Verfügung stehen, werden Wechselrichterschaltungen benötigt.
Bis vor wenigen Jahren waren vorwiegend sog. Zerhacker (Chopper) in Gebrauch.
Sie arbeiten mit einem Selbstunterbrechersystem nach dem Prinzip des Wagnerschen Hammers und erzeugen in einer Spule eine Induktionsspannung, deren
Spitzenwert wesentlich höher liegt als die Eingangsgleichspannung. Derartige
Geräte haben den Nachteil, daß die erforderlichen Kontaktteile einem hohen
Verschleiß unterliegen und deshalb bei Dauerbetrieb nur eine begrenzte Lebensdauer erreichen. Die Funkenbildung an den Kontakten hat darüberhinaus starke
Funkempfangsstörungen zur Folge und erfordert deshalb zusätzliche Entstörglieder.
Heute verwendet man fast ausschl. Transverterschaltungen mit Transistoren.
Das sind dem Prinzip nach Schwingschaltungen mit sehr fester Rückkopplung
(s. Abschn. 4.2.). Bild 24a zeigt die Schaltung eines Eintakt-Transverters. Beim
Anlegen der Eingangsgleichspannung wird zunächst ein Strom durch den Emitter-
Kollektor-Kreis und damit durch die Spule w_1 fließen. In der Spule w_2 wird durch
den Einschaltstoß eine Spannung induziert. Die Spulen müssen so gepolt sein,
daß die Induktionsspannung den Transistor sperrt und damit den Stromfluß
durch w_1 beendet. Das im Transformator zusammenbrechende Magnetfeld induziert in w_2 einen entgegengesetzten Spannungsstoß, der den Transistor wieder
öffnet. Es fließt erneut ein Kollektorstrom, und der Vorgang wiederholt sich

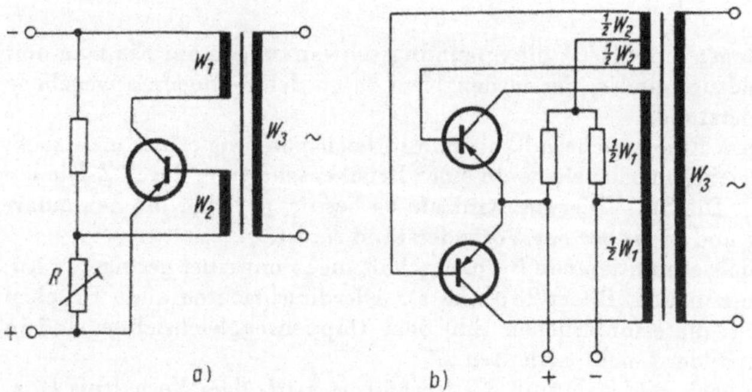

Bild 24. Transverterschaltungen
a) Eintakt-Transverter; b) Gegentakt-Transverter

selbständig. Bei diesen Vorgängen wird auch in der Spule w_3 eine Spannung induziert. Macht man deren Windungszahl wesentlich größer als die von w_1, erhält man eine entsprechend hohe Wechselspannung. Eine geringfügige Veränderung der Ausgangswechselspannung ist durch das Verstellen des Widerstands R möglich. Die Frequenz der Ausgangsspannung kann — je nach Auswahl der Bauelemente — zwischen wenigen Hertz und einigen Kilohertz liegen.
Eine in der Praxis häufig verwendete Transverterschaltung benutzt zwei im Gegentakt arbeitende Transistoren (Bild 24b). Jeder Transistor arbeitet mit der zugehörigen halben Transformatorwicklung prinzipiell wie im Eintakt-Transverter. In jeder Funktionsphase befinden sich die Transistoren in entgegengesetzten Schaltzuständen. Durch die Zusammenschaltung in der Wicklung w_1 addieren sich die Kollektorspannungen. Damit ergibt sich auch in der Wicklung w_3 eine höhere Induktionsspannung.

2.3.   Gleichspannungswandler

Häufig werden Transverter und Gleichrichter hintereinandergeschaltet (Bild 25 a). Derartige Schaltungen bezeichnet man allgemein als Gleichspannungswandler, weil damit die Umwandlung einer niedrigen Gleichspannung in eine höhere möglich ist. In der Praxis werden diese Schaltungen benötigt, wenn zum Betreiben einer Röhrenschaltung nur eine Batterie als Spannungsquelle zur Verfügung steht. Das ist z. B. bei einem tragbaren Oszillografen der Fall.

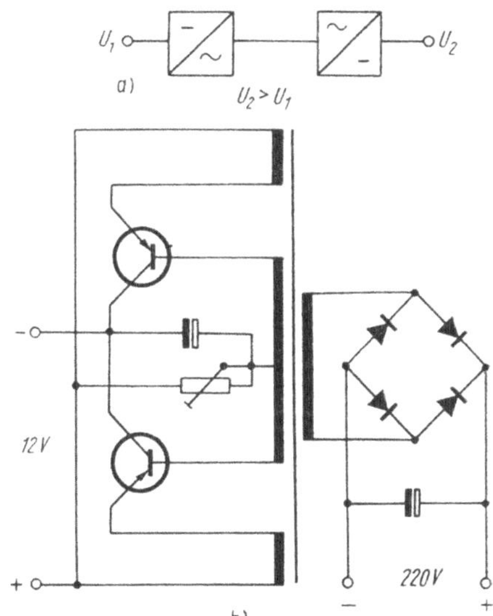

Bild 25. Gleichspannungswandler
a) **Prinzipdarstellung**;
b) **Stromlaufplan** (nach Intermetall)

Im Bild 25b ist die Schaltung eines solchen Spannungswandlers wiedergegeben. Im Gegensatz zur Transverterschaltung Bild 24b werden hier die Transistoren in Kollektorschaltung (s. Abschn. 3.1.1.) betrieben. Das hat den Vorteil, daß die Leistungstransistoren, deren Kollektoren üblicherweise direkt mit dem Gehäuse verbunden sind, ohne zusätzliche Isoliermittel auf *einem* Kühlblech

montiert werden können. Der Elektrolytkondensator an den Kollektoren soll
das Anschwingen begünstigen. Mit dem Potentiometer kann der Wirkungsgrad
der Schaltung in Abhängigkeit von der Belastung beeinflußt werden. Der Wirkungsgrad dieses Gleichspannungswandlers kann etwa 80% erreichen.

2.4.   Elektronische Sicherung

Der Schutz von Halbleiterbauelementen durch Schmelzsicherungen ist zumeist
ungenügend, weil die Trägheit der Sicherungen größer ist als die Standfestigkeit
dieser Bauelemente gegen Überlastungen. Aus diesem Grund bedient man sich
elektronischer Sicherungsschaltungen.

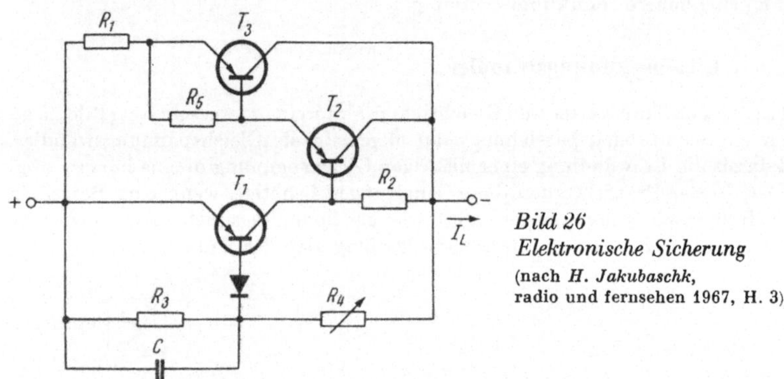

Bild 26
Elektronische Sicherung
(nach *H. Jakubaschk*,
radio und fernsehen 1967, H. 3)

Die im Bild 26 wiedergegebene Schaltung ist universell verwendbar. Ihre Ansprechstromstärke läßt sich einstellen. Die Schaltung wird — wie jede Sicherung
— mit den beiden Anschlußpunkten $(+/-)$ zwischen die Spannungsquelle und
die zu sichernde Schaltung in Reihe geschaltet. Die Transistoren T_2 und T_3
erhalten über den Widerstand R_2 einen Basisstrom, der ausreicht, um den Transistor T_3 zu öffnen. Der Emitter-Kollektorstrom von T_3 stellt die Verbindung
zwischen Spannungsquelle und der zu speisenden Schaltung her. Der Widerstand R_1 ist sehr niederohmig und der bei normalem Strom I_L über R_1 stehende
Spannungsabfall unbedeutend. Trotzdem reicht die über der Sicherungsschaltung
stehende Spannung U_{Si} aus, die beiden Transistoren geöffnet zu halten.
In diesem Zustand bleibt der Transistor T_1 gesperrt, weil im Augenblick des
Einschaltens der Spannungsanstieg durch den Kondensator C verzögert wurde
und nach dem Öffnen der Transistoren T_2 und T_3 die Spannung U_{Si} nicht ausreicht, T_1 zu öffnen. Steigt aber der Strom I_L übermäßig an, dann nimmt auch
der Spannungsabfall über R_1 zu und damit die Spannung U_{Si}. Gleichzeitig steigt
aber auch die über R_3 des Spannungsteilers R_3/R_4 abfallende Spannung an. Wenn
diese den Schwellenwert der Diode D und des Basisstroms von T_1 erreicht hat,
öffnet T_1. Der Emitter-Kollektorwiderstand dieses Transistors ist aber im geöffneten Zustand viel kleiner als der Widerstand des Basisstromkreises der Transistoren T_2 und T_3. Aus diesem Grund bricht die Spannung in diesem Stromkreis zusammen und die Transistoren T_2 und T_3 sperren: Die Sicherung hat den
zu schützenden Stromkreis abgeschaltet. Der Ansprechwert der Sicherungsschaltung wird mit Hilfe des Widerstands R_4 eingestellt. Durch die Kapazität

des Kondensators C wird die Trägheit der Schaltung bestimmt, weil der Kondensator das Ansprechen des Transistors verzögert.

Da über T_3 der volle Strom I_L fließt, muß für diesen Zweig ein Leistungstransistor von etwa 4 W gewählt werden. Für T_2 genügt ein 1-W-Typ und für T_1 ein Transistor der 150-mW-Reihe.

3. Verstärker

Dieser Abschnitt kann und soll nur einen kurzen Einblick in die Verstärkertechnik bieten. Für ausführlichere Darstellungen und Beschreibungen sind weitere Bände vorgesehen.

Der Verstärker ist eine Sonderform des Wandlers. Als Wandler werden alle Bauglieder verstanden, in denen Eingangssignale derart umgewandelt werden, daß sich die Ausgangssignale in mindestens einer Kenngröße von den Eingangssignalen unterscheiden.

Von einem Spannungsverstärker wird erwartet, daß die Spannungsamplitude des Ausgangssignals größer als die des Eingangssignals ist. Das gleiche gilt für die Stromamplituden bei Stromverstärkern. In jedem Fall ist die Leistung des Ausgangssignals größer als die Leistung des Eingangssignals. Deshalb muß auch jedem Verstärker Hilfsenergie zugeführt werden. Spezielle Leistungsverstärker weisen eine besonders hohe Ausgangsleistung auf, die häufig dazu dient, ein elektromagnetisches System (z. B. Lautsprecher, Steuermagnet) anzusteuern.

Das Verhältnis der Ausgangsamplitude zur Eingangsamplitude kennzeichnet eine Verstärkerschaltung. Es wird als Verstärkungsfaktor V (auch kurz Verstärkung) angegeben. Tafel 3 faßt die wichtigsten Kenndaten eines Verstärkers in einer Übersicht zusammen.

Tafel 3. Kenndaten eines Verstärkers

Bezeichnung	Symbol	Definition
Stromverstärkung	$\lvert V_i \rvert$	i_{II}/i_I
Spannungsverstärkung	$\lvert V_u \rvert$	u_{II}/u_I
Leistungsverstärkung	V_p	$\lvert V_i \rvert \cdot \lvert V_u \rvert = P_{II}/P_I$
Eingangswiderstand	r_{ein}	u_I/i_I
Ausgangswiderstand	r_{aus}	u_{II}/i_{II}

Bei den gebräuchlichsten einstufigen Röhren- und Transistorverstärkern (Katodenbasis- bzw. Emitterschaltung) besteht zwischen Eingangs- und Ausgangssignal ein Phasenunterschied von $\pi \triangleq 180°$. Diese Tatsache wird durch ein Minuszeichen ausgedrückt:

$$V_u = - \frac{u_{II}}{u_I}$$

Wird in einer vereinfachten Beschreibung das Vorzeichen weggelassen, müssen auf einer Seite der Gleichung Betragsstriche gesetzt werden:

$$\lvert V_u \rvert = \frac{u_{II}}{u_I}$$

Verstärker sind mit mindestens einem Verstärkerbauelement ausgestattet. Da diese Bauelemente der Schaltung Energie zuführen müssen, handelt es sich stets um aktive Bauelemente. Aus dem Gesetz von der Erhaltung der Energie folgt, daß dem Verstärker mindestens soviel Hilfsenergie zugeführt werden muß, wie er dem Signal Energie zuführt. Praktisch wird aber in den aktiven und passiven Bauelementen des Verstärkers ein Teil der Energie in Wärme (Verlustenergie) umgesetzt (Bild 27). Aus diesem Grund nimmt der Verstärker mehr elektrische Hilfsenergie auf, als er dem Signalfluß zuführt.

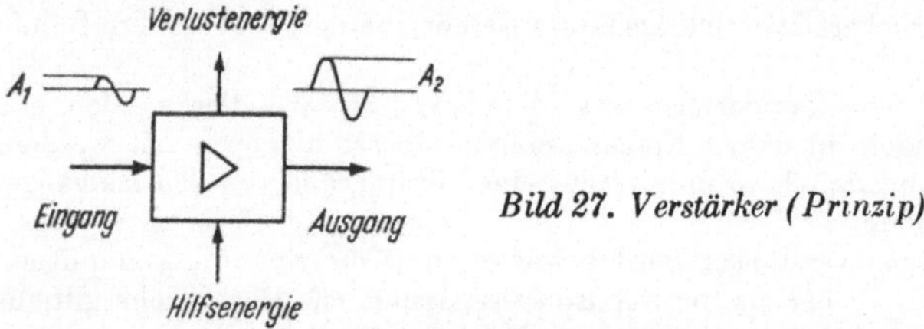

Bild 27. Verstärker (Prinzip)

Nach der Zeitabhängigkeit der Ein- und Ausgangssignale unterscheidet man Gleichspannungs- und Wechselspannungsverstärker. (Unter dem gleichen Gesichtspunkt lassen sich auch Gleichstrom- und Wechselstromverstärker unterscheiden!) Gleichspannungsverstärker lassen sich prinzipiell in der gleichen Art wie Wechselspannungsverstärker aufbauen. Allerdings dürfen dann keine Kondensatoren als Koppelglieder verwendet werden. Derartige Verstärker sind jedoch sehr empfindlich gegen Schwankungen der Versorgungsspannung und eingekoppelte Störsignale. Außerdem macht sich ein Abwandern des Arbeitspunktes (Drift) bemerkbar. Diese Einflüsse können zusätzliche Ausgangssignale erzeugen und die zu verstärkende Signalfolge verfälschen. Aus diesem Grund werden zumeist die zu verstärkenden Gleichspannungen vor dem Eingang der Verstärkerschaltung in Wechselspannungen umgewandelt und hinter dem Ausgang wieder gleichgerichtet. Es genügt deshalb, in den nachfolgenden Abschnitten lediglich Wechselspannungsverstärker zu beschreiben. Die Bedeutung der Verstärkerschaltungen beschränkt sich nicht allein darauf, einzelne Kenngrößen von Signalträgern zu erhöhen — obwohl damit bereits ein weites Gebiet der Elektrotechnik bzw. der Elektronik umrissen wird. Verstärkerschaltungen sind darüber hinaus die Grundlage für eine Vielzahl weiterer wichtiger Schaltungen. So sind z. B. die für die Digitaltechnik bedeutungsvollen Negatoren (s. Abschn. 6.1.) einstufige Verstärker. Schwingungsgeneratoren sind Verstärker, deren Ausgangsenergie z. T. auf den Eingang zurückgeführt wird, wodurch Wechselspannungen erzeugt werden (wie z. B. die im Abschn. 2.2. beschriebenen Wechselrichter). Multivibratoren sind zweistufige Verstärker, bei denen der Ausgang der zweiten Stufe auf den Eingang der ersten zurückgekoppelt wird. Häufig verwendet man Transistorverstärkerschaltungen mit einem Verstärkungsfaktor $|V| \approx 1$, aber unterschiedlichen Eingangs- und Ausgangswiderständen, um zwei aufeinanderfolgende Baustufen aneinander anzupassen. Man ersetzt damit Anpassungstransformatoren (Übertrager), die in ihrer Herstellung teurer sind, im Schaltungsaufbau einen größeren Raum beanspruchen und als passive Bauelemente den übertragenen Signalen stets Energie entziehen. Unter dieser Betrachtungsweise lassen sich Verstärker in folgende Übersicht einordnen:

In diesem Teil sollen nur Wechselspannungsverstärker und Anpassungsglieder
als deren Sonderformen beschrieben werden. Generatoren und Triggerschaltungen sowie Logikglieder bleiben den nachfolgenden Teilen vorbehalten.

3.1. Eintaktverstärker mit Transistoren

Zum Aufbau eines einfachen (einstufigen) Eintaktverstärkers genügt ein einziges
Verstärkerbauelement. Nach der Art, wie der Verstärker eingangs- und aus-
gangsseitig an die übrigen Baustufen angekoppelt ist, unterscheidet man —
von seltener gebrauchten anderen Ausführungen abgesehen — RC-gekoppelte
und übertragergekoppelte Verstärker. Bei Eintaktverstärkern wird die RC-Kopp-
lung bevorzugt.

3.1.1. *Schaltarten*

Bei Transistorverstärkern sind drei Schaltarten möglich und — je nach Ver-
wendungszweck der Schaltung — auch in Gebrauch. Jede dieser Schaltungen
wird nach *der* Elektrode des Transistors benannt, an der eine gemeinsame Leitung
für die Eingangs- und die Ausgangsseite der Schaltung liegt. Man unterscheidet
deshalb Basis-, Emitter- und Kollektorschaltungen (Bild 28).

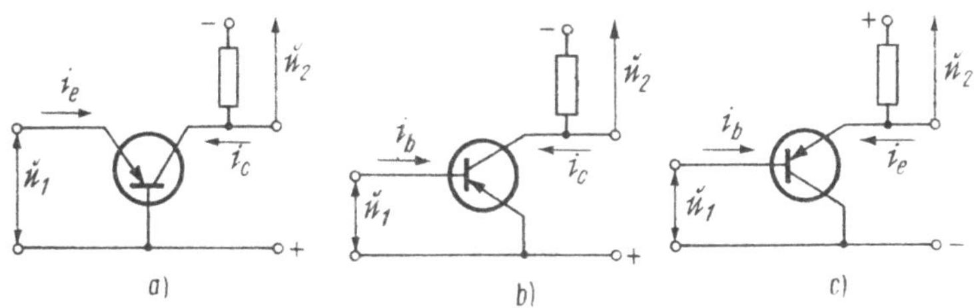

Bild 28. Transistorverstärker
a) Basisschaltung; b) Emitterschaltung; c) Kollektorschaltung

Wenn man das gleiche Verstärkerbauelement in den drei Schaltarten verwendet,
erhält man für einige Kenndaten recht unterschiedliche Werte (Tafel 4). Dabei
ist zu berücksichtigen, daß sowohl Eingangs- als auch Ausgangswiderstände vom
Belastungswiderstand R_L abhängig sind. In der Emitterschaltung ist die Ab-

Tafel 4. Einige Kenngrößen der Transistorverstärker

Kenngröße	Symbol	Basis- schaltung	Emitter- schaltung	Kollektor- schaltung	Bedingung
Strom- verstärkung	$|V_i|$	≈ 1	> 1	> 1	
Spannungs- verstärkung	$|V_u|$	$\gg 1$	$\gg 1$	≈ 1	
Eingangs- widerstand	r_{ein}	$100\ \Omega$	$\approx 1\ k\Omega$	$\approx 100\ k\Omega$	$R_L \approx 1\ k\Omega$
Ausgangs- widerstand	r_{aus}	$> 100\ k\Omega$	$\approx 100\ k\Omega$	$\approx 100\ \Omega$	$R_i \approx 1\ k\Omega$

R_L Belastungswiderstand (Eingangswiderstand der Folgestufe)
R_i Ausgangs- oder Innenwiderstand der Vorstufe

hängigkeit verhältnismäßig gering, in den beiden anderen Schaltarten wesentlich größer.

Aus Tafel 4 kann man auf die Anwendungsfälle schließen:

a) Die Emitterschaltung wird dort bevorzugt, wo eine große Leistungsverstärkung verlangt wird

b) Die Basisschaltung verwendet man, wenn eine Schaltstufe mit *niedrigem Ausgangs*widerstand an eine andere mit *hohem Eingangs*widerstand angepaßt werden soll (Bild 29 a)

c) Die Kollektorschaltung wendet man dort an, wo eine *hoch*ohmige Baustufe an eine *nieder*ohmige angepaßt werden muß (Bild 29 b). Bei dieser Schaltart ist die Leistungsverstärkung am kleinsten

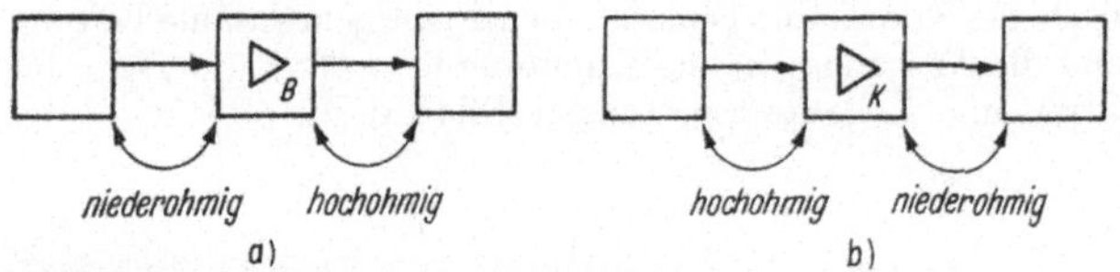

Bild 29. Verstärker als Anpassungsglieder

3.1.2. Emitterschaltung

Bild 30 zeigt die Emitterschaltung eines einfachen Eintaktverstärkers in RC-Kopplung. Eine am Eingang liegende Wechselspannung u_1 wird einen Wechselstrom i_b hervorrufen. Der Koppelkondensator C_{k1} hat die Aufgabe, einen evtl. von der davorliegenden Baustufe kommenden Gleichstrom fernzuhalten. Liegt an der Basis des Transistors eine positive Halbwelle der Eingangswechselspannung, wird der Transistor „gesperrt". Dadurch wird der Widerstand zwischen Emitter und Kollektor groß gegenüber dem Belastungswiderstand R_L: Über R_L fällt nahezu keine Spannung ab. Erreicht dagegen die negative Halbwelle die Basis, wird der Transistor „geöffnet". Der Kollektor-Emitter-Widerstand wird sehr klein, und über R_L fällt fast die volle Batteriespannung U_B ab. Das heißt also, daß die Spannung u_2 im gleichen Rhythmus

36

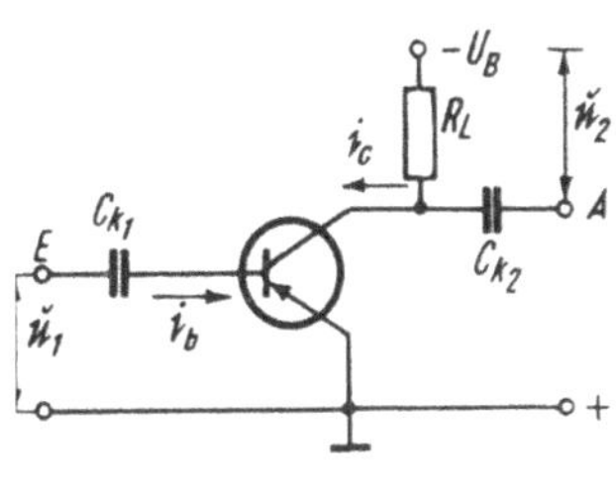
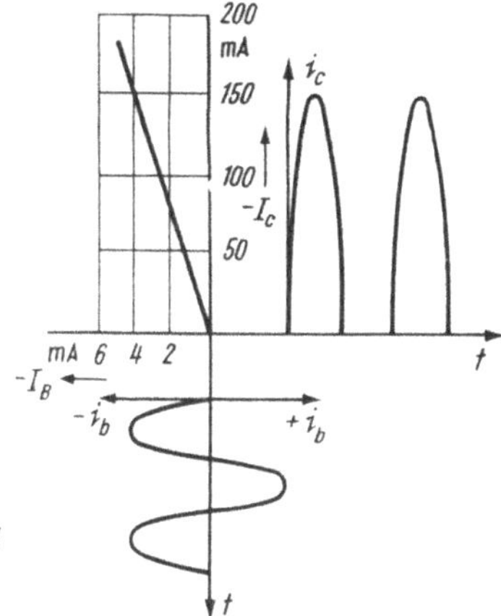

Bild 31. Kennliniendarstellung

wechselt wie die Eingangsspannung u_1. Ganz ähnlich verhalten sich die Ströme i_c und i_b.

Aus dieser Funktionsweise läßt sich auch der erwähnte Phasenunterschied zwischen Eingang und Ausgang erklären: Wenn am Eingang E eine positive Spannung anliegt und der Transistor gesperrt ist, also einen sehr hohen Innenwiderstand hat, liegt der Punkt A praktisch an $-U_B$, er hat somit ein negatives Potential. Liegt dagegen an E eine negative Spannung und der Transistor ist geöffnet, hat demzufolge einen vernachlässigbar kleinen Widerstand, dann liegt A praktisch am Punkt $+$. Daraus folgt die Beziehung

$$u_2 = -V_u \cdot u_1$$

Diese Zusammenhänge lassen sich im Prinzip mit Hilfe der $I_C I_B$-Kennlinie des Transistors erläutern (Bild 31). Die als Basisstrom anliegenden Schwingungen werden an der Kennlinie „gespiegelt" und als Kollektorstrom-Schwingungen wiedergegeben. Im dargestellten Beispiel ergibt die Amplitude $\hat{i}_1 = 4\,\text{mA}$ eine Kollektoramplitude $\hat{i}_2 = 150\,\text{mA}$. Das entspricht einer Stromverstärkung $V_i = 37{,}5$.

Bei diesem Beispiel liegt der Arbeitspunkt des Basiswechselstroms (d. h. diejenige Stromstärke, um die die Schwingungen erfolgen) bei 0 mA. Das hat eine Gleichrichtung zur Folge, bei der nur die negativen Halbperioden an der Basis Halbschwingungen im Kollektorzweig hervorrufen. Soll die andere Halbschwingung auch übertragen werden, muß der Arbeitspunkt in den negativen Bereich verschoben werden (für das Beispiel etwa auf $I_{BO} = -4\,\text{mA}$). Der Transistor wird erst dann völlig gesperrt, wenn die positive Halbwelle den Strom I_{BO} erreicht. Schaltungstechnisch wird ein negativer Ruhestrom, der über die Basis fließt, durch einen geeigneten Widerstand zwischen Basis und $-U_B$ erzeugt.

3.2. Gegentaktverstärker mit Transistoren

Eintaktverstärker haben den Nachteil, daß sie nur mit verhältnismäßig kleinen Amplituden auf der Eingangsseite ausgesteuert werden können. Sind die Amplituden größer, als es der geradlinige Teil der Kennlinie der Schaltung zuläßt,

tragen die Spitzen der Schwingungen nicht mehr wesentlich zur Steuerung des
Ausgangsstroms bei; am Ausgang scheinen die Spitzen der Schwingungen ab-
geschnitten zu sein. Man spricht von einer *Übersteuerung* des Verstärkers. Das
ist zwar in gewissen Schaltungen — z. B. zur Erzeugung von Rechteckimpulsen
(s. Abschn. 4.3.) — erwünscht, würde aber bei der Verstärkung akustischer
Signale zur Veränderung des Klanges und in Meßverstärkern zur Verfälschung
des Meßwertes führen. Wird eine unverfälschte Verstärkung von Signalen mit
großen Amplituden gefordert, verwendet man Gegentaktverstärker. Das ist vor
allem in den Endstufen mehrstufiger Verstärker der Fall.

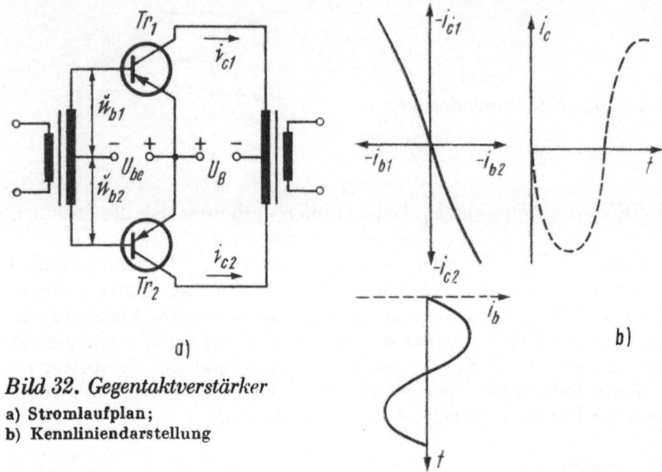

Bild 32. *Gegentaktverstärker*

a) Stromlaufplan;
b) Kennliniendarstellung

Die Schaltung nach Bild 32a arbeitet am Eingang und am Ausgang mit Über-
tragerkopplung. Eine am Eingang der Schaltung liegende Wechselspannung
steuert mit ihren beiden Halbschwingungen die beiden Transistoren abwechselnd
auf.
Durch die Art der Zusammenschaltung erreicht man, daß sich die Kennlinien
der beiden Transistoren praktisch zu einer einzigen Kennlinie der Schaltung
zusammensetzen (Bild 32b). Die Schwingungen werden an dieser Kennlinie
gespiegelt. Im Ausgangsübertrager durchfließen die beiden Halbschwingungen
nacheinander jeweils eine Hälfte der Primärwicklung. Auf der Sekundärseite
sind beide Halbschwingungen wieder vereinigt.
Die Gegentaktschaltung hat dabei einen wesentlichen Vorteil aufzuweisen. Bei
einer Eintaktschaltung wird infolge des durch das Verstärkerbauelement fließenden Ruhestroms im Belastungswiderstand R_L oder in der Primärwicklung eines
Ausgangsübertragers auch dann eine Gleichspannung anliegen, wenn kein Signal
übertragen wird. Bei Übertragern wirkt sich dieser Gleichstrom insofern unangenehm aus, als dadurch der Übertrager vormagnetisiert, d. h. mit einem
Magnetfluß vorbelastet wird, der u. U. verzerrte Ausgangssignale liefert. Im
Gegentaktverstärker fließen die beiden Ruheströme in entgegengesetzten Rich-
tungen durch die primären Teilwicklungen. Die von ihnen erzeugten Magnet-
flüsse sind demzufolge entgegengesetzt gerichtet und heben sich auf. Im Übertrager kommt keine Gleichstromvormagnetisierung zustande.

38

Die Gegentaktschaltung erfordert Verstärkerbauelemente, deren Kenndaten
paarweise weitgehend übereinstimmen. Da bei Transistoren die Exemplarstreuungen recht groß sind, liefern die Hersteller bereits ausgemessene Transistor-
paare. Über die zwischen den Transistoren eines Paares noch bestehenden Abweichungen in den Hauptkennwerten geben die Kenndatenblätter sog. Pärchen-
bedingungen an. So wird z. B. für die GD-Typen ein Wert im Bereich von
0,833 bis 1,2 für die Verhältnisse der Basisströme und der Basis-Emitter-Span-
nungen beider Transistoren eines Paares garantiert.

3.3. Röhrenverstärker

Obwohl Transistoren in allen Bereichen der Elektrotechnik als Verstärkerbauelemente angewendet werden, haben für viele Zwecke Verstärkerröhren ihre
Bedeutung behalten. Das ist vor allem dort der Fall, wo ein Verstärker Ausgangs-
leistungen in der Größenordnung 10 W und darüber abgeben muß.
Aus diesem Grund ist es angebracht, die Arbeitsweise der Röhrenverstärker kurz
zu umreißen.
Prinzipiell sind Röhrenverstärker in der gleichen Weise wie die beschriebenen
Transistorverstärker aufgebaut. Es lassen sich demnach auch die gleichen Ein-
teilungen vornehmen. Von den drei möglichen Schaltarten — Katodenverstärker,
Gitterverstärker und Anodenverstärker — soll hier nur der Katodenverstärker
betrachtet werden, weil er wegen der hohen Leistungsverstärkung die weiteste
Verbreitung gefunden hat. Bild 33a zeigt eine RC-gekoppelte Eintaktschaltung
dieser Art mit einer Triode als Verstärkerbauelement. Im Schaltbild ist der er-
forderliche Heizstromkreis nicht dargestellt.

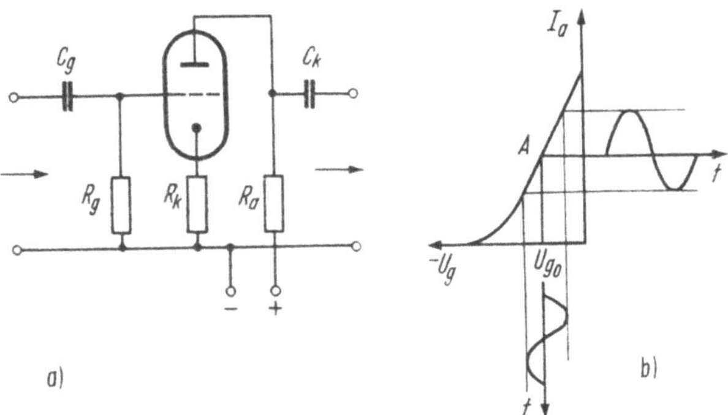

Bild 33. Eintakt-Röhrenverstärker
a) Stromlaufplan; b) Kennliniendarstellung

Der über Anode—Katode fließende Strom erzeugt über dem Katodenwider-
stand R_k einen Spannungsabfall, der am Gitter als negative Gittervorspannung
U_{g0} wirksam wird. Solange am Koppelkondensator C_g keine zusätzliche Spannung anliegt, läßt die Gittervorspannung den Anodenruhestrom I_{a0} zu. Dieser
Strom erzeugt über dem Anodenwiderstand R_a den Spannungsabfall U_{a0}.
Gelangt jetzt über den Koppelkondensator C_g eine positive Halbwelle auf das
Gitter, wird die negative Vorspannung und damit die Sperrwirkung entsprechend
vermindert: Der Strom I_a steigt an und damit die Spannung U_a über dem

Widerstand R_a. Eine negative Halbwelle am Gitter wird dagegen dessen Sperrwirkung vergrößern und Anodenstrom und -spannung vermindern. Dieser
Zusammenhang wird durch die Darstellung des Vorgangs an der Arbeitskennlinie
der Schaltung im Bild 33b erläutert. Der durch die Größen U_{g0}, I_{a0} bzw. U_{a0}
gekennzeichnete Punkt A ist der Arbeitspunkt der Schaltung.
Die übertragergekoppelte Gegentaktschaltung nach Bild 34 arbeitet prinzipiell
wie die entsprechende Transistorschaltung Bild 32. Bei Verwendung einer Doppel-
triode werden die beiden Systeme als $R\ddot{o}_1$ und $R\ddot{o}_2$ geschaltet. Die im Bild als
Fremdspannung angegebene Gittervorspannung U_g kann auch durch den Spannungsabfall über Katodenwiderständen, die in dieser Schaltung nicht enthalten

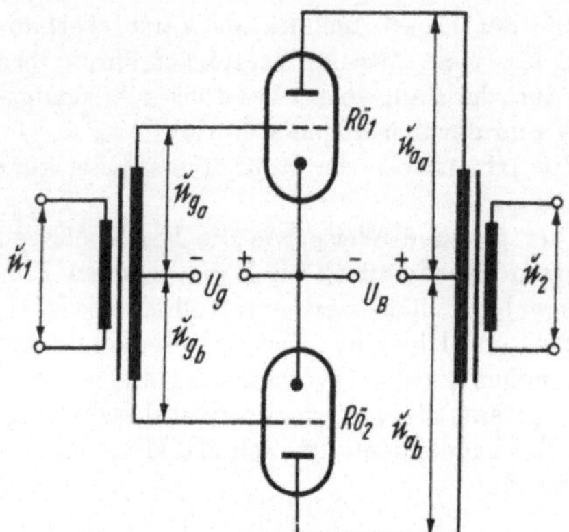

sind, erzeugt werden. Mit Hilfe
der Gittervorspannung wird wiederum der Arbeitspunkt bestimmt. Es ist jedoch bemer-
kenswert, daß mit der Wahl der
Gittervorspannung die Gestalt
der Gesamtkennlinie der Schaltung beeinflußt wird.

Bild 34
Gegentakt-Röhrenverstärker
Stromlaufplan

4. Generatoren

In den einzelnen Bereichen der Technik und der Elektrotechnik wird die Benennung Generator (zu deutsch: Erzeuger) für unterschiedliche Geräte gebraucht.
Die Elektronik bezeichnet allgemein Schaltungen, Baustufen oder Geräte als
Generatoren, wenn diese periodische elektrische Schwingungen oder Impulsfolgen abgeben.
Derartige Schwingungen und Impulsfolgen werden mit Hilfe von Oszillografen
(zu deutsch: Schwingungsschreiber) sichtbar gemacht. Häufig werden aus der
geometrischen Form der Oszillogramme die Bezeichnungen für die Art der
Schwingungen und für die Generatoren abgeleitet. An diese Gepflogenheit halten
sich auch die nachfolgenden Abschnitte.

4.1. Sinusgeneratoren

Als Sinusschwingungen werden solche Vorgänge bezeichnet, die durch die Zeit-
funktion der Form

$$u = U_0 + \hat{u} \sin \omega t$$

oder

$$i = I_0 + \hat{i} \cos \omega t$$

beschrieben werden können.

Die unterlagerte Gleichspannung U_0 oder der Gleichstrom I_0 sind nicht immer vorhanden und auch nicht immer erwünscht. In diesen Fällen nimmt die Konstante den Wert Null an.

4.1.1. *Schwingkreis*

Die Zusammenschaltung eines induktiven und eines kapazitiven Bauelements (Bild 35a) stellt ein schwingungsfähiges System dar. Die physikalischen Vorgänge innerhalb des Systems lassen sich anhand von Bild 35b erläutern.

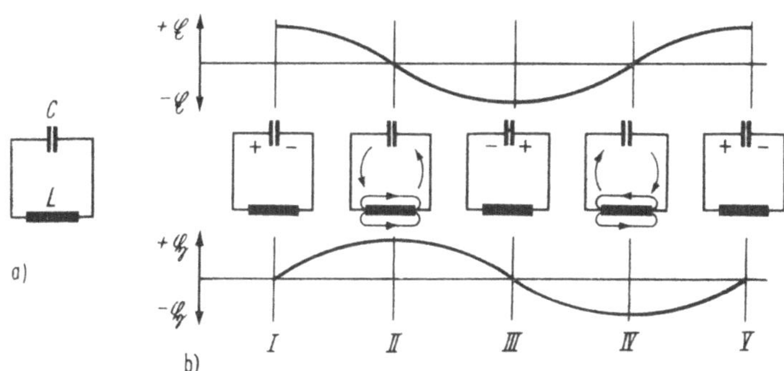

Bild 35. *Schwingkreis*
a) Aufbau; b) Arbeitsweise

Wird der Kondensator von einer Gleichspannung aufgeladen, entsteht zwischen seinen Belägen ein elektrisches Feld mit der Feldstärke $\mathfrak{E}$ (Phase I). Diese Ladung kann über das parallelgeschaltete induktive Bauelement abfließen. Damit sinkt die elektrische Feldstärke auf den Wert Null, während gleichzeitig der durch die Spule fließende Strom ein Magnetfeld aufbaut, dessen magnetische Feldstärke $\mathfrak{H}$ gerade dann einen Maximalwert erreicht, wenn $\mathfrak{E}$ Null geworden ist (Phase II). In diesem Zustand fehlt aber die den Strom antreibende Spannung; das Magnetfeld bricht zusammen. Dabei wird jedoch eine Spannung induziert, die den Kondensator in umgekehrter Richtung wie zu Anfang auflädt. Das Maximum dieser Aufladung (und damit der elektrischen Feldstärke) wird erreicht, wenn die magnetische Feldstärke auf Null abgesunken ist (Phase III). Auch die Kondensatorladung fließt über das induktive Bauelement ab, und der Vorgang setzt sich in der erläuterten Weise fort. Die so erzeugten Schwingungen bestehen aus einem elektrischen (oder Spannungs-) und einem magnetischen (oder Strom-) Anteil.

Beide Anteile gehorchen Sinus-Zeitfunktionen, deren Phasen um $90° = {}^1\!/_2\,\pi$ verschoben sind

$$\mathfrak{e} = \hat{\mathfrak{e}} \sin \left(\frac{\pi}{2} + \omega t \right) \quad \text{oder} \quad \mathfrak{u} = \hat{\mathfrak{u}} \sin \left(\frac{\pi}{2} + \omega t \right)$$

und

$$\mathfrak{h} = \hat{\mathfrak{h}} \sin \omega t \quad \text{oder} \quad \mathfrak{i} = \hat{\mathfrak{i}} \sin \omega t$$

Die Frequenz ω eines Schwingkreises läßt sich für den Fall, daß der Schwingkreis frei von ohmschem Widerstand ist, aus der Thomsonschen Schwingungsgleichung errechnen:

$$\omega = \frac{1}{\sqrt{LC}}$$

Diese Gleichung gilt in der gleichen Weise für Schwingkreise, deren Bauelemente parallel oder in Reihe geschaltet sind. Praktisch ist jedoch kein Stromkreis frei von ohmschem Widerstand. Es wird deshalb stets ein Teil der Schwingungsenergie in Wärme umgesetzt und damit den Schwingungen entzogen. Das hat die Abnahme der Schwingamplituden zur Folge (Bild 36). Die Hüllkurve für die Amplituden entspricht der Gleichung

$$A = A_0\, e^{-\delta t}$$

Die Größe δ ist der *Dämpfungsfaktor*.

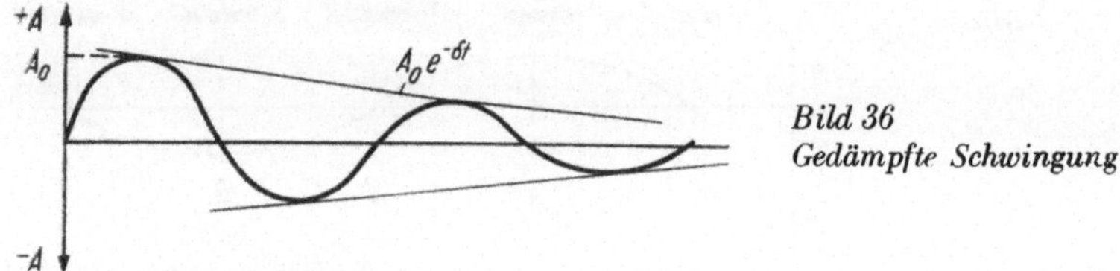

Bild 36
Gedämpfte Schwingung

4.1.2.   *Meißnerschaltung*

Um die Dämpfung eines Schwingkreises auszugleichen, muß dem Schwingkreis soviel Energie zugeführt werden, wie er abgibt. Hierfür ist ein Verstärker erforderlich, der im Takt der Schwingungen gesteuert wird. Zu diesem Zweck wird ein Teil der am Ausgang der Schaltung ankommenden Energie auf den Eingang zurückgekoppelt (Bild 37).

Dabei hat die Rückkopplung zwei Aufgaben zu erfüllen:

a) sie muß die Ausgangsspannung im richtigen Verhältnis teilen
b) sie muß diesen Teil der Ausgangsspannung in der richtigen Phasenlage dem Eingang zuführen

Da die üblichen einstufigen Verstärker am Ausgang eine um 180° verschobene Phasenlage aufweisen, die sich in der Verstärkergleichung $V = -u_2/u_1$ durch das negative Vorzeichen ausdrückt, muß auch die Rückkopplung eine Phasendrehung um 180° bewerkstelligen. Mathematisch wird das durch die Definition des Kopplungsfaktors formuliert:

$$K \leqq \frac{1}{V} = -\frac{u_1}{u_2}$$

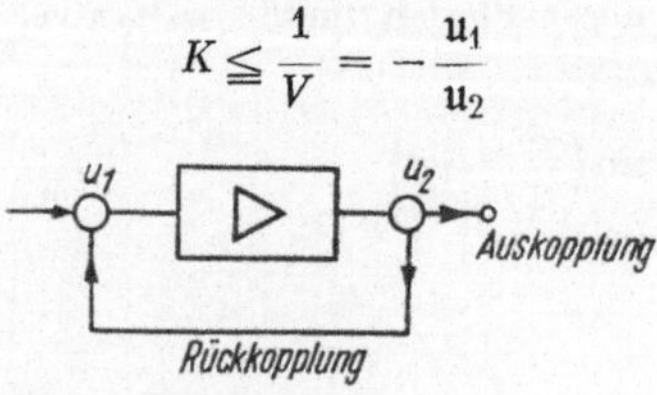

Bild 37. Rückkopplung
(Prinzip)

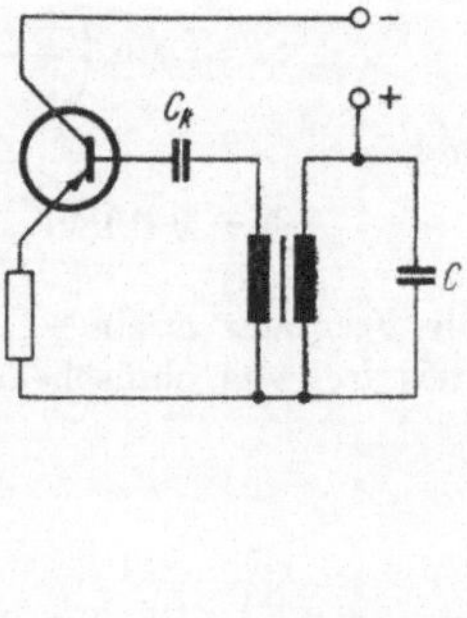

Bild 38
Meißnerschaltung

42

Die häufig gebrauchte Schaltung nach *Meißner* (Bild 38) verwendet einen Übertrager als Kopplungsglied. Die Schwingkreisspule ist zugleich Primärspule des
Übertragers. Die Sekundärspule liegt im Basis-Emitterkreis des Verstärkers. Die
Spannungsteilung wird durch das Übersetzungsverhältnis des Übertragers
bestimmt. Die richtige Phasenlage erhält man durch die entsprechende Polung
der Übertragerwicklungen. Setzen bei der erstmaligen Inbetriebnahme der
Schaltung die Schwingungen nicht ein, muß eine der beiden Spulen umgepolt
werden.
Die Transistorkenndaten sind durch ihre Temperaturabhängigkeit z. T. beträcht-
lichen Schwankungen unterworfen und beeinflussen damit die Kenndaten der
Schaltung — in diesem Fall vorwiegend Amplitude und Frequenz. Um diese
Größen zu stabilisieren, können unterschiedliche Maßnahmen ergriffen werden.
Der vor dem Emitter liegende Widerstand dient bereits diesem Zweck: Der
Emitterstrom erzeugt einen Spannungsabfall, der der Stromstärke proportional
ist. Diese Spannung wirkt der an der Basis liegenden Sekundärspannung des
Übertragers entgegen. Bei steigender Induktionsspannung steigt auch der
„gegengekoppelte" Spannungsabfall. Die Schaltung wird sich auf einen gewissen
Gleichgewichtszustand einschwingen.
Andere Gegenkopplungsverfahren weisen eine höhere Wirksamkeit auf.

4.1.3. *Dreipunktschaltungen*

Ersetzt man den Übertrager der Meißnerschaltung durch einen Transformator in
Sparschaltung, dann wird der Schwingkreis in drei Punkten galvanisch ange-
schlossen (Bild 39 a). Man spricht von einer Dreipunktschaltung — in diesem
Fall von einer induktiven. Sie wird nach ihrem Erfinder auch *Hartley*-Schaltung
genannt.
In ähnlicher Weise kann die Rückkopplung vom Schwingkreis auf das Verstärkerbauelement auch am Kapazitätsbauelement anknüpfen. Zu diesem Zweck
muß die Schwingkreiskapazität durch zwei in Reihe geschaltete Kondensatoren
gebildet werden, zwischen denen der Abgriff angelegt wird. Im Beispiel Bild 39 b
erfolgt die Ansteuerung des Verstärkerbauelements am Emitter. Es handelt sich

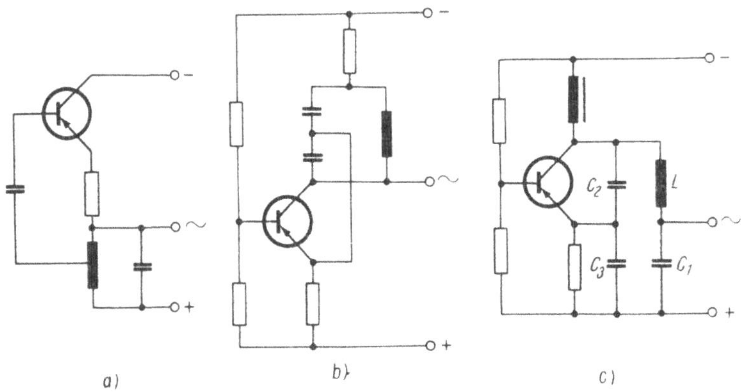

Bild 39. Dreipunktschaltungen
a) induktiv; b) kapazitiv; c) Reihenkreis

somit um eine Basisschaltung des Verstärkers. Die an der Basis liegenden Widerstände sorgen für eine konstante Vorspannung der Basis.

Diese Schaltung wird — ebenfalls nach ihrem Erfinder — *Colpitts*-Schaltung genannt.

Eine Abart der Colpitts-Schaltung ist die *Clapp*-Schaltung (Bild 39c). Hier ist der Schwingkreis als Reihenkreis ausgebildet (L und C_1). Der Spannungsteiler wird durch die parallel zum Schwingkreis liegenden Kondensatoren C_2 und C_3 gebildet. Der Verstärker wird ebenfalls in Basisschaltung betrieben. Diese Schaltung arbeitet bei Temperatur- und Spannungsschwankungen sehr frequenzstabil.

4.1.4. Huth-Kühn-Schaltung

Während die Meißnerschaltung und die daraus hervorgegangenen Dreipunktschaltungen eine starke Rückkopplung erfordern, kommt die Huth-Kühn-Schaltung mit einer schwachen Ankopplung aus. Das ist auf die Tatsache zurückzuführen, daß an der Basis und im Kollektorkreis des Transistors Schwingkreise liegen. Weil deren Eigenfrequenzen aufeinander abgestimmt sein müssen, wird mindestens ein Schwingkreis mit einem einstellbaren Bauelement (Spule oder Kondensator) versehen (Bild 40). Die Rückkopplung auf die Basis erfolgt mit Hilfe eines Kondensators kleiner Kapazität.

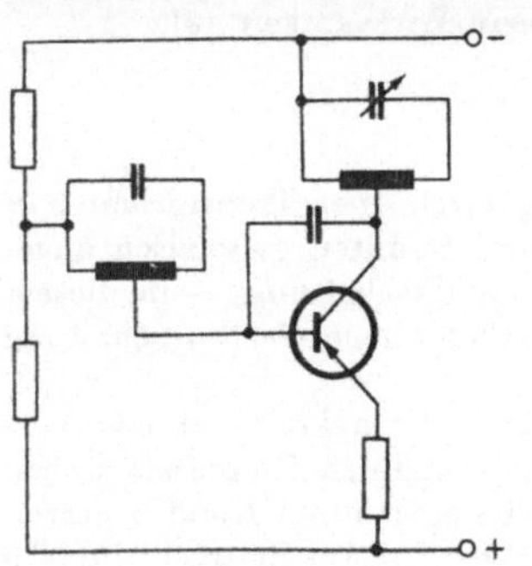

Bild 40. Huth-Kühn-Schaltung

4.1.5. Quarzgesteuerte Schwingschaltung

Schwingschaltungen, die sehr konstante Frequenzen liefern sollen, werden mit Schwingquarzen ausgestattet. Derartige Quarze werden durch Säge- und Schleifverfahren aus einem Rohkristall gewonnen und zwischen zwei Metallplatten gelagert, die als Elektroden dienen.

Die elektrischen Eigenschaften hängen von der Richtung der Schnittflächen zu den kristallografischen Achsen, von den geometrischen Abmessungen und vom Quarzmaterial ab. Wird ein solcher Quarz mechanisch durch Zug oder Druck belastet, treten auf den Grenzflächen Ladungsänderungen auf. Dieser *piezoelektrische Effekt* wird in Kristalltonabnehmern der Schallplattentechnik und in Kristallmikrofonen praktisch genutzt. Der gleiche Effekt kann aber auch umgekehrt wirken: wird ein Quarz einem elektrischen Feld ausgesetzt, zieht er sich zusammen oder dehnt sich aus. Werden die Elektroden an eine Wechselspannung gelegt, wird der Quarz zum Schwingen angeregt. Die Schwingamplituden sind am größten, wenn die Erregerfrequenz mit der Resonanzfrequenz des Quarzes übereinstimmt. Die Resonanzfrequenz ist umgekehrt proportional der Dicke des Quarzplättchens (bei sog. Dickenschwingern) bzw. der Seitenlänge des Plättchens (bei Längsschwingern).

Das elektrische Ersatzschaltbild des Schwingquarzes (Bild 41 a) besteht aus der Reihenschaltung RLC_1, der eine Kapazität C_2 parallelgeschaltet ist. Demzufolge wirkt der Quarz sowohl wie ein Reihenkreis als auch wie ein Parallelkreis. Die Frequenzen beider Kreise stimmen allerdings nicht völlig überein. Welche Frequenz wirksam wird, hängt von der Gesamtschaltung ab.

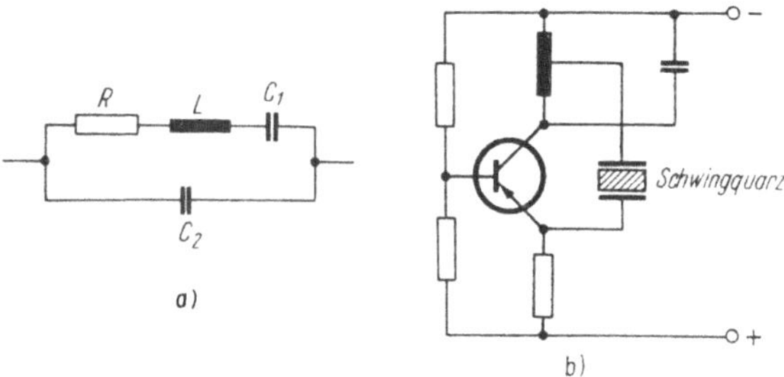

Bild 41. Quarzgesteuerte Schwingschaltung
a) Ersatzschaltung eines Schwingquarzes; b) Schwingschaltung

Bild 41 b zeigt eine induktive Dreipunktschaltung als Beispiel. Der Schwingquarz liegt im Rückkopplungszweig zwischen Schwingkreis und Emitter. Die Schaltung arbeitet mit der Resonanzfrequenz des Reihenkreises aus der Ersatzschaltung. Würde man in der Huth-Kühn-Schaltung (Bild 40) den Schwingkreis an der Basis des Transistors durch einen Schwingquarz ersetzen, würde der Quarz in Parallelresonanz arbeiten.

Dem Vorteil der hohen Frequenzkonstanz (die Abweichungen von einer Sollfrequenz können bis zur Größenordnung 10^{-8} herabgesetzt werden!) steht der Nachteil gegenüber, daß Schwingquarzschaltungen nur für *eine* Frequenz ausgelegt werden können. Schaltungen mit variabler Frequenz sind mit beträchtlichem Aufwand verbunden.

4.1.6.   R C-Generator

Alle bisher beschriebenen Sinusgeneratoren arbeiten mit Schwingkreisen, die aus Kondensator und Spule bestehen. Es ist aber auch möglich, selbstschwingende Schaltungen ohne induktive Bauelemente, also nur mit Widerständen, Kondensatoren und Verstärkerbauelementen aufzubauen.

Eine häufig gebrauchte Schaltung arbeitet mit einer Phasenschieberkette (Bild 42). Diese Kette besteht aus mehreren gleichartigen RC-Gliedern und

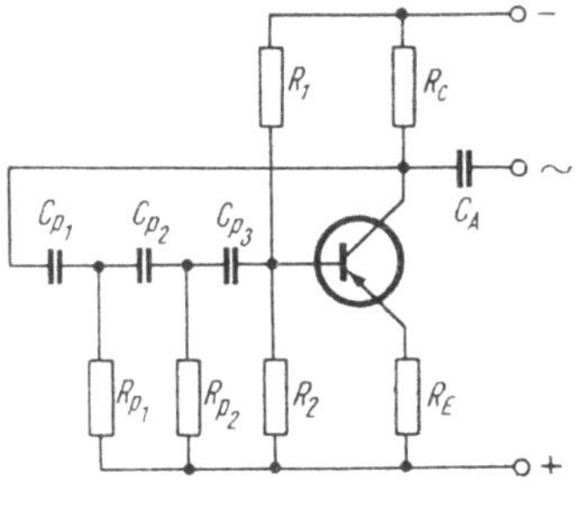

Bild 42
R C-Generator mit Phasenschieberkette

erfüllt damit die an die Rückkopplung gestellten Forderungen — Spannungsteilung und Phasendrehung. Man verwendet vorwiegend dreigliedrige RC-Ketten, auch viergliedrige sind möglich. Der Phasenwinkel zwischen Eingang und Ausgang der RC-Kette beträgt in jedem Fall 180°. Allerdings verteilt sich diese Phasenverschiebung nicht gleichmäßig auf alle Einzelglieder. Der Grund dafür liegt in der unterschiedlichen Belastung der Glieder durch die nachfolgenden.

Im Schaltungsbeispiel Bild 42 erfolgt die Rückkopplung vom Kollektor über drei RC-Glieder auf die Basis. Der Widerstand zwischen Basis und Minusleitung und der Widerstand im Emitterkreis haben die Aufgabe, die Verstärkung und damit die Schwingamplituden zu stabilisieren.

4.2. Kippgeneratoren

In der Elektronik versteht man unter Kippschwingungen periodische Spannungs-Zeitverläufe, die durch eine lange Anstiegszeit t_{an} und eine kurze Abfallzeit t_{ab} gekennzeichnet sind (Bild 43). Die Summe beider Zeiten ergibt die Periodendauer T, ihr Kehrwert — wie bei Sinusschwingungen — die Kippfrequenz:

$$f = \frac{1}{T}$$

Die Form des Spannungs-Zeit-Diagramms rechtfertigt die in der Praxis oft gebrauchte Bezeichnung *Sägezahn*-Spannung oder -Schwingung.

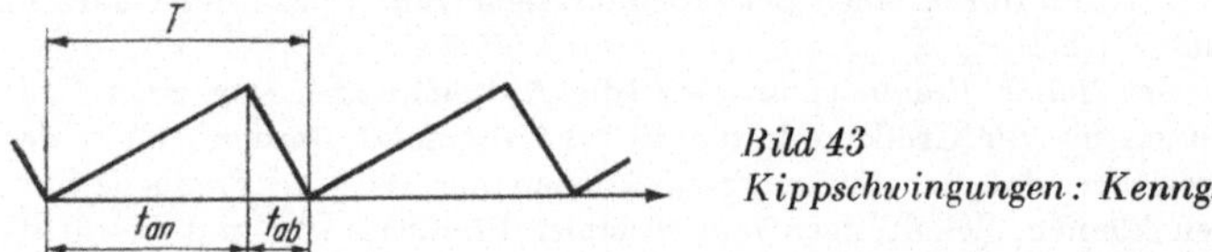

Bild 43
Kippschwingungen: Kenngrößen

4.2.1. Kippschaltung mit Glimmlampe

Die einfachste und für Demonstrationszwecke gut geeignete Schaltung besteht aus einem Widerstand, einem Kondensator und einer Glimmlampe (Bild 44). Nach Anlegen einer Gleichspannung von etwa 180 V lädt sich der Kondensator C über den Widerstand R langsam auf. Dieser Vorgang vollzieht sich in der Anstiegszeit t_{an}. Hat er sich so weit aufgeladen, daß die Spannung an seinen Elektroden den Wert der Zündspannung U_Z der Glimmlampe erreicht, zündet die Glimmlampe. Der im kalten Zustand sehr hohe Innenwiderstand der Lampe wird nach

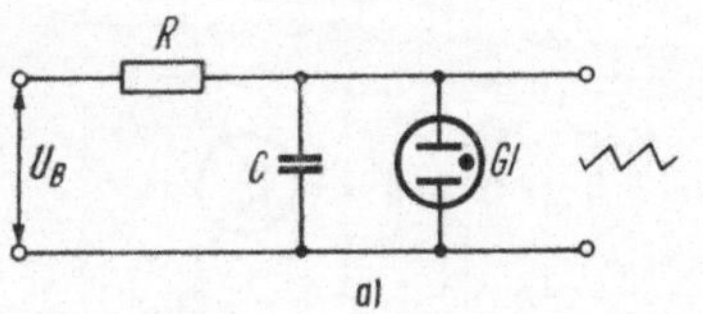
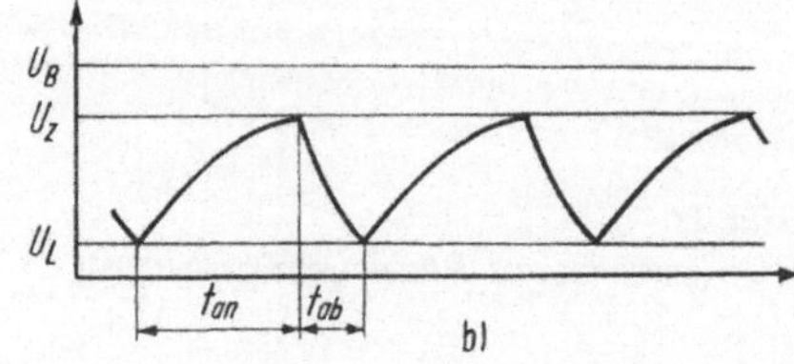

Bild 44. Glimmlampen-Kippgenerator
a) Stromlaufplan; b) Kippschwingungen

der Zündung sehr klein. Der Widerstand R begrenzt den Strom aus der Spannungsquelle, während sich der Kondensator C in kurzer Zeit (Abfallzeit t_{ab}) über die Glimmlampe entlädt. Ist die Kondensatorspannung unter die Löschspannung U_L abgesunken, verlischt die Glimmlampe; ihr Innenwiderstand wird wieder sehr hoch. Nunmehr kann sich der Kondensator erneut aufladen und der Vorgang von vorn beginnen.

Die Schaltung ist mit einigen Mängeln behaftet, die ihre praktische Anwendungsmöglichkeiten stark einschränken:

a) die Schaltung benötigt eine Betriebsgleichspannung von mindestens 180 V

b) die Anstiegszeit und damit die Kippfrequenz wird sehr stark von Spannungsschwankungen beeinflußt

c) die Flanken der Kippschwingungen verlaufen entsprechend den Auf- und Entladevorgängen an Kondensatoren nach e-Funktionen

4.2.2. *Kippschaltung mit Vierschichtdiode*

Ersetzt man die Glimmlampe durch eine Vierschichtdiode (Bild 45 a), so erhält man eine Schaltung, die bereits bei Spannungen ab 20 V kippt. Die Betriebsspannung sowie die Spitzenwerte der Kippschaltung sind von den Kenndaten der verwendeten Vierschichtdiode abhängig. Die Impulsfrequenz wird — ähnlich wie bei Glimmlampenschaltungen — außer von den Kennwerten der Vierschichtdiode von denen der Widerstands- und Kondensatorenbauelemente bestimmt. Diese Schaltung erzeugt ebenfalls nichtlineare Schwingungen. Die Linearität läßt sich jedoch durch eine Erweiterung der Schaltung nach Bild 45 b beträchtlich verbessern. Der Kollektorstrom des Transistors wird vorwiegend vom Basisstrom bestimmt. Da der Basisstrom dem konstanten Spannungsteiler R_1/R_2 entnommen wird, bleibt der Kollektorstrom weithin konstant. Der Ladestrom ist also vom Ladungszustand des Kondensators fast unabhängig. Der Entladevorgang wird allerdings von dieser Linearisierungsmaßnahme nicht beeinflußt. Verwendet man statt der Vierschichtdiode einen Thyristor (gesteuerten Gleichrichter), dann ist es möglich, über den Toreingang die Zündung des Bauelements von außen zu steuern. Auf diese Weise kann man die Kippschwingungen mit einer Fremdfrequenz triggern (Triggerschaltungen s. Abschn. 5.).

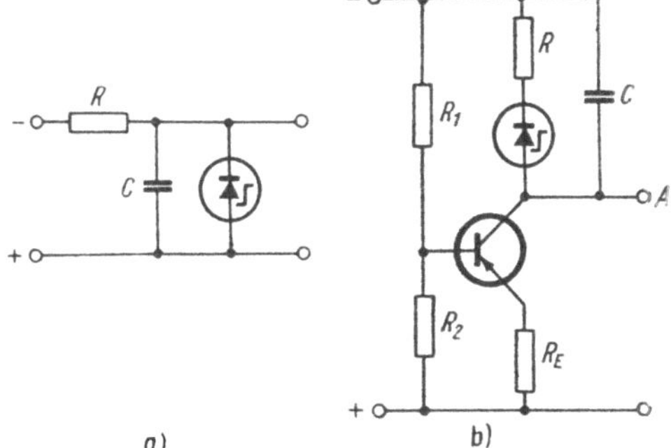

Bild 45. Kippgenerator mit Vierschichtdioden
(nach Intermetall)
a) Stromlaufplan
einer einfachen Schaltung
b) Stromlaufplan
einer verbesserten Schaltung

4.3. Impulsgeneratoren

In der Elektrotechnik werden Strom- und Spannungsstöße als Impulse bezeichnet. Periodische Impulsfolgen werden häufig Pulse genannt. Je nach der geometrischen

Form, die man bei einer Betrachtung im Oszillografen erkennen kann, unterscheidet man Dreieckimpulse, Rechteckimpulse, Nadelimpulse u. a. In dem folgenden Abschnitt sollen als Impulse nur periodisch wiederkehrende Rechteckimpulse verstanden werden.

Sowohl der ideale Rechteckimpuls als auch die durch die realen Verhältnisse verursachten Abweichungen vom Idealfall werden durch Kenndaten beschrieben, die durch Bild 46 und Tafel 5 erläutert werden.

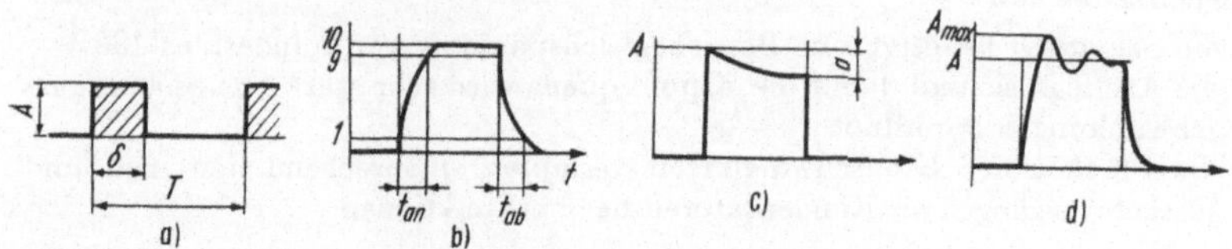

Bild 46. Rechteckimpulse: Kenngrößen

a) Impulsbreite und Periodendauer
b) Anstiegs- und Abfallzeiten
c) Dachabfall
d) Überschwingamplitude

Tafel 5. Kenndaten für Rechteckimpulse

Kenngröße	Formelzeichen	Maßeinheit
Impulshöhe (Amplitude)	A	1 A oder 1 V (auch mV, mA)
Impulsbreite	δ	1 s (auch ms, µs)
Periodendauer	T	1 s
Impulsfolgefrequenz	$f = 1/T$	$1\ \mathrm{s^{-1}} = 1\ \mathrm{Hz}$
Impulsverhältnis	$V_{\mathrm{imp}} = T/\delta$	—
Anstiegszeit	t_{an}	1 ms (auch µs, ns)
Abfallzeit	t_{ab}	1 ms
Dachabfall	a	(wie zu A)
Überschwingamplitude (Störspitze)	$\ddot{U} = A_{\mathrm{max}} - A$	(wie zu A)

Die Anstiegszeit t_{an} ist die Zeit, in der die Spannung (bzw. der Strom) von $^{1}/_{10}$ der Maximalhöhe auf $^{9}/_{10}$ ansteigt. In entsprechender Weise wird auch die Abfallzeit t_{ab} definiert. In manchen Bausteinsystemen wird die Anstiegszeit durch $t_{0\mathrm{L}}$ (Sprung von 0 nach L) und die Abfallzeit durch $t_{\mathrm{L}0}$ (Sprung von L nach 0) gekennzeichnet.

Die für beide Größen häufig gebrauchte Bezeichnung Flankensteilheit ist nicht eindeutig definiert und sollte deshalb vermieden werden.

4.3.1. Verformung von Sinusschwingungen

Da es verhältnismäßig einfach ist, Sinusschwingungen zu erzeugen, werden häufig Rechteckimpulse durch Verformen von Sinusschwingungen gewonnen. Das Prinzip dieses Verfahrens besteht darin, daß man die Amplituden der Schwingungen begrenzt (Bild 47a). Dabei hängt die erzielte Anstiegszeit bzw. Abfallzeit vom Verhältnis der zurückbleibenden Impulsamplitude zur Amplitude der ursprünglichen Sinusschwingungen ab. Die Anstiegszeit ist um so kleiner, je kleiner dieses Amplitudenverhältnis ist. Ideale Rechtecke würde man mit unendlich großen Sinusamplituden erhalten (Bild 47b).

48

Bei diesem Verfahren ist die Impulsfolgefrequenz gleich der Frequenz der Sinus-schwingungen. Das Impulsverhältnis ist $V_{imp} = 2$. Durch geschicktes Zuschalten von Gleichspannungen lassen sich aber auch andere Impulsverhältnisse gewinnen.

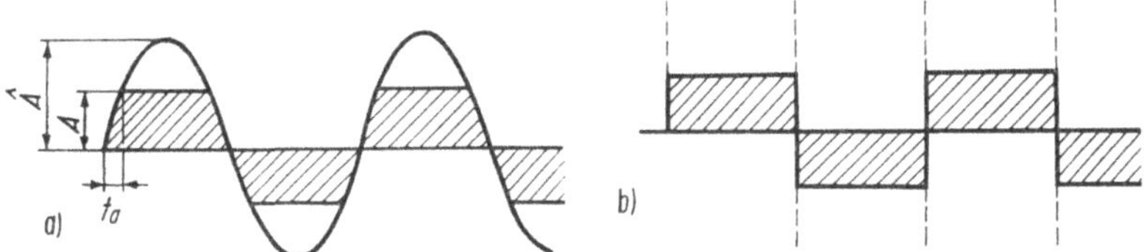

Bild 47. *Verformung von Sinusschwingungen*
a) Schwingamplitude $\hat{A}$ und Impulsamplitude A;   b) ideale Rechteckimpulse

Amplitudenbegrenzung durch Dioden

Schaltet man zwei Dioden in der Weise antiparallel, wie Bild 48a zeigt, dann erhält man sog. Doppel-Rechteck-Impulse. Die Wirkung dieser Schaltung beruht darauf, daß die Dioden eine nichtlineare Kennlinie haben. Jede Diode läßt den Anteil einer Sinushalbperiode hindurchfließen, der einen bestimmten Schwellwert der Spannung überschreitet. Die durchgelassenen Anteile werden über die Dioden kurzgeschlossen und liefern am Belastungswiderstand R keinen Spannungsabfall. Dagegen erzeugen die unter dem Schwellwert liegenden Anteile einen Spannungs-abfall, der am Ausgang der Schaltung festgestellt werden kann. Da am Eingang der Schaltung beide Halbwellen der Sinusschwingungen abwechselnd anliegen und jede Diode eine Halbwelle begrenzt, erscheinen am Ausgang abwechselnd positive und negative Spannungsstöße von annähernd rechteckiger Gestalt. Die Annäherung an ein ideales Rechteck ist auch hier um so besser, je kleiner das Verhältnis der Impulsamplitude zur Sinusamplitude ist. Soll nur eine Folge ein-facher Rechteckimpulse erzeugt werden, legt man vor den Eingang der Begrenzer-schaltung einen Einweggleichrichter. Man kann dann auf eine der beiden Begren-zerdioden verzichten (Bild 48b).

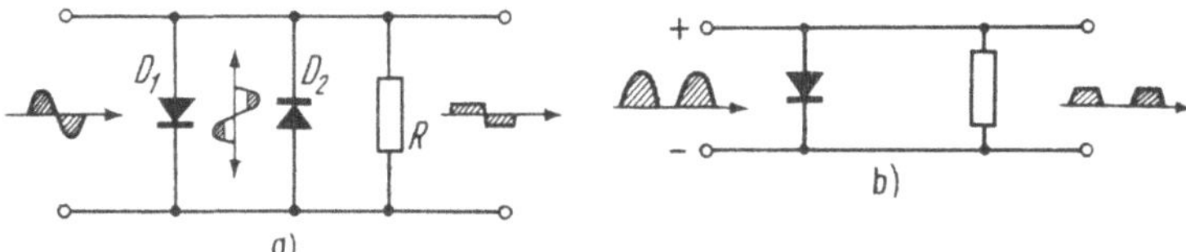

Bild 48. *Amplitudenbegrenzung mit Dioden*
a) Doppelimpulse; b) Einfachimpulse

Amplitudenbegrenzung durch Z-Diode

Eine in ihrer Wirkung ähnliche Schaltung ist im Bild 49 wiedergegeben. In dieser Schaltung liegt im Brückenzweig eine Z-Diode in Sperrichtung. Erreichen die über der Z-Diode stehenden Sinushalbwellen die Zenerspannung U_z, fließt der Durchbruchstrom über diesen Zweig, und am Ausgang liegt keine Spannung an. Das geschieht in beiden Halbwellen, weil diese ja bekanntlich im Brücken-zweig in gleicher Richtung fließen.

Für die Spannungsamplitude dieser Schaltung gilt:

$$U_\mathrm{A} = \pm(U_\mathrm{z} + 2\,U_\mathrm{D})$$

U_z Zenerspannung
U_D Spannungsabfall über Diode in Durchlaßrichtung

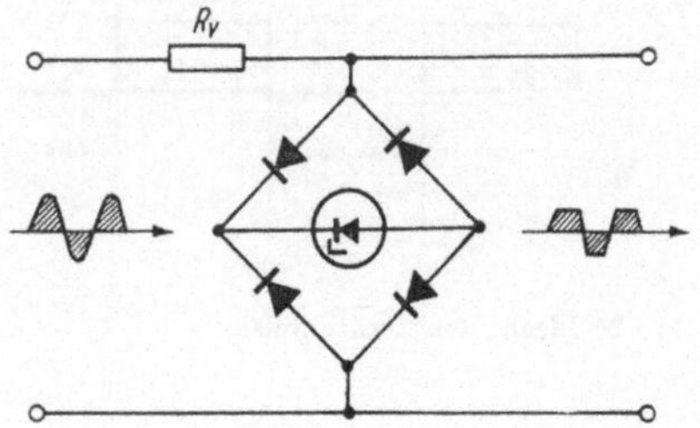

Bild 49
Brückenschaltung mit Z-Diode
(aus radio und fernsehen 1967, H. 20)

Amplitudenbegrenzung durch übersteuerte Verstärker

Verstärkerschaltungen übertragen Schwingungen bekanntlich nur dann unverzerrt, wenn die Arbeitskennlinie im geradlinigen Teil ausgesteuert wird. Bei einem Transistorverstärker wird durch den Kollektorwiderstand die $I_\mathrm{C}I_\mathrm{B}$-Kennlinie in ihrem oberen Teil so stark gekrümmt, daß die Kennlinie in eine Gerade parallel zur I_B-Achse übergeht (Bild 50). Folglich werden die Spitzen einer an der Basis liegenden Sinusschwingung nicht mehr verstärkt, wenn sie in den Bereich dieses gekrümmten Teils der Kennlinie eintreten. Verwendet man mehrstufige Verstärker, so kann man durch Wiederholung des Vorgangs Impulse mit hinreichend kleiner Anstiegszeit erzeugen.

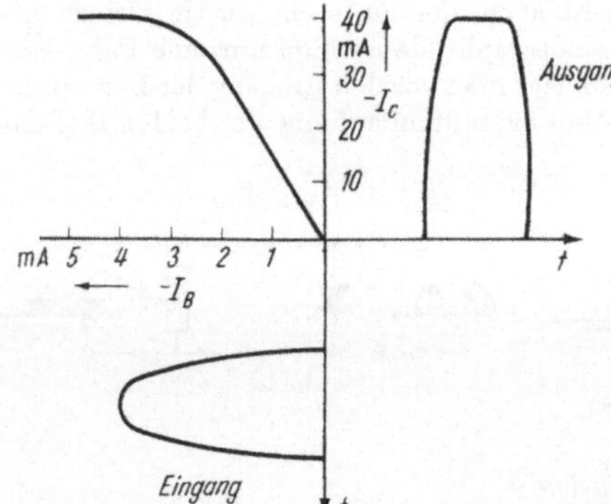

Bild 50. Übersteuerter Verstärker
(Kennliniendarstellung)

4.3.2. Multivibrator

Multivibratoren (Vielschwinger) sind Schaltungen, die rechteckähnliche Ausgangssignale erzeugen. Man unterscheidet:

a) *Astabile* Multivibratoren schwingen selbständig
b) *Monostabile* Multivibratoren — auch Univibratoren genannt — führen nach jedem Anstoß von außen eine vollständige Halbschwingung aus und kehren dabei in ihre Ausgangslage zurück.

c) *Bistabile* Multivibratoren — zumeist als Flip-Flop bezeichnet — kippen nach jedem Anstoß von außen in die entgegengesetzte Schaltlage und bleiben in dieser Lage stehen. Erst nach einem zweiten Anstoß geht die Schaltung in den Anfangszustand zurück

Von diesen drei Typen ist nur der astabile Multivibrator als Generator anzusehen. Die beiden anderen werden als Triggerschaltungen im Abschn. 5. beschrieben.

Multivibratoren mit Transistoren

Multivibratoren werden meist als zweistufige RC-Verstärker ausgeführt, bei denen der Ausgang der zweiten Stufe auf den Eingang der ersten zurückgekoppelt wird (Bild 51a). Es ist jedoch üblich, die Schaltung wie im Bild 51b symmetrisch darzustellen.

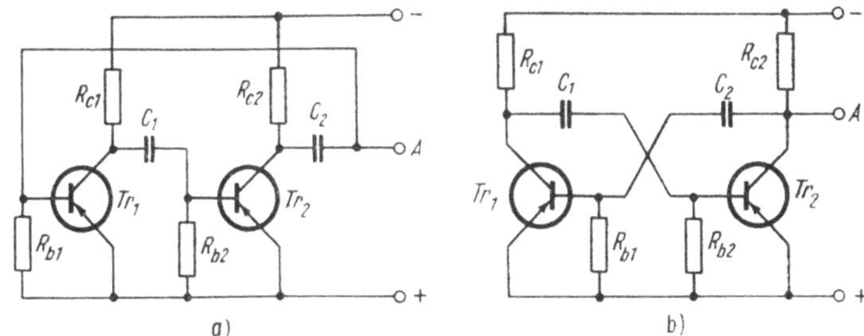

Bild 51. *Astabiler Multivibrator*
a) rückgekoppelter RC-Verstärker; b) übliche Darstellung des Multivibrators

Trotz des symmetrischen Aufbaues der Multivibratorschaltung ergeben sich durch die Exemplarstreuungen in den Kenndaten der Bauelemente geringe Unsymmetrien. Es soll angenommen werden, daß der Stromzweig, in dem der Transistor Tr_1 liegt, einen etwas kleineren Widerstand als der Stromzweig mit Tr_2 habe. Dann wird beim Anlegen der Betriebsspannung über Tr_1 ein etwas stärkerer Strom als über Tr_2 fließen. Der Einschaltvorgang erzeugt über den Kondensator C_1 eine positive Spannungsspitze an der Basis von Tr_2. Dieser Stoß führt zur vollständigen Sperrung des Tr_2, so daß an R_{C2} keine Spannung abfällt. Die an der Basis Tr_2 stehende Spannung wird jedoch über den Widerstand R_{b2} abgebaut. Wenn sie den Wert Null erreicht hat, setzt wieder ein Kollektorstrom im Transistor Tr_2 ein. Dieser Strom erzeugt nun über C_2 einen Spannungsstoß, der Tr_1 sperrt. Der Vorgang läuft dann in ähnlicher Weise, jedoch in umgekehrter Richtung ab.

Die Periodendauer eines derartigen Vorgangs wird wesentlich durch die Kapazität der Kondensatoren C_1 und C_2 und die Größe der Basiswiderstände R_{b1} und R_{b2} bestimmt. Sind diese Bauelemente gleich groß, dann entstehen symmetrische Ausgangsimpulse mit dem Impulsverhältnis $V_{imp} = 2$.

Da auch bei dieser Schaltung die Entladungsvorgänge der Kondensatoren die Arbeitsweise bestimmen, haben die Impulse wiederum keine linearen Flanken. Deshalb muß in allen Fällen, in denen Linearität gefordert wird, noch eine Impulsformerstufe nachgeschaltet werden (s. Abschn. 5.).

Multivibrator mit Vierschichtdioden

Diese Schaltung (Bild 52) fällt durch den geringen Aufwand an Bauelementen auf.

Die Betriebsspannung der Schaltung wird etwas höher als die Schaltspannung der Vierschichtdioden gewählt. Beim Anlegen der Spannung wird wiederum der Zweig mit dem niedrigeren Widerstand von einem stärkeren Strom durchflossen. Wir nehmen an, das sei der Zweig $4D_1 - R_1$. Gleichzeitig beginnt sich der Kondensator C über R_2 aufzuladen. Hat die Kondensatorspannung die Schaltspannung von $4D_2$ erreicht, zündet diese, und ein Strom fließt durch diesen Zweig. Dabei entlädt sich auch C und setzt die Spannung an $4D_1$ herab. Wird die Haltespannung unterschritten, löscht $4D_1$. Danach setzt der umgekehrte Vorgang ein.

Die am Ausgang abgegriffene Impulsspannung hat wiederum keinen linearen Verlauf.

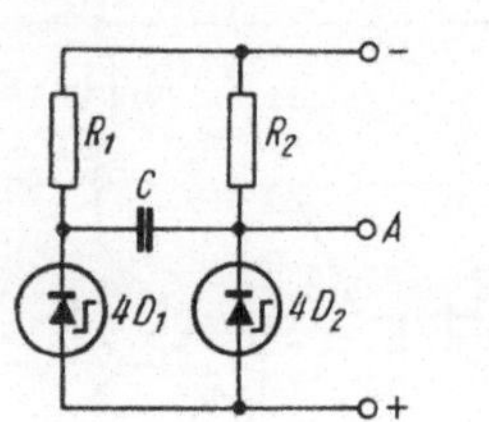

Bild 52. Astabiler Multivibrator
(nach Intermetall)

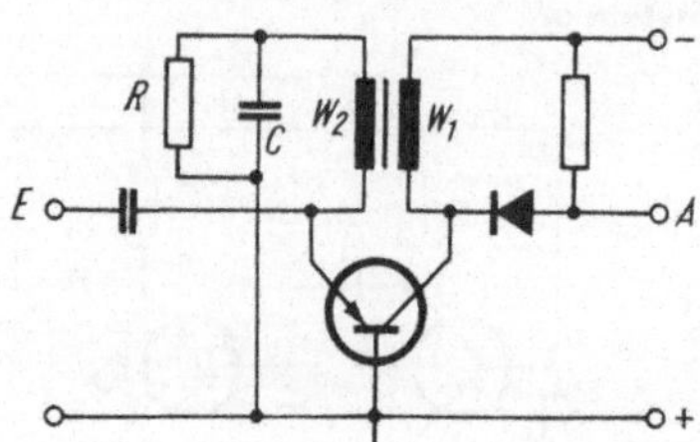

Bild 53. Sperrschwinger

5. Triggerschaltungen

Unter Triggern (trigger, engl.: Auslöser) versteht man das Anstoßen einer Schaltung durch einen Impuls bzw. eine Impulsfolge. In Triggerschaltungen werden die Eingangsimpulse umgeformt. Diese Umformung kann sich auf die Spannungs- bzw. Strom-Zeitverläufe, auf das Impulsverhältnis oder auf die Impulsfolgefrequenz erstrecken. Monostabile Schaltungen verursachen keine Frequenzänderung, einstufige bistabile Schaltungen eine Frequenzuntersetzung 2:1. Triggerschaltungen werden häufig auch Impulsformerstufen genannt.

5.1. Sperrschwinger (blocking oszillator)

Der Sperrschwinger ist in der Lage, selbständig Schwingungen auszuführen, kann aber auch im Takt einer von außen eingespeisten Impulsfolge zum Schwingen angestoßen werden: Er ist (astabiler) Generator und (monostabiler) Impulsformer zugleich.

Dem Aufbau nach ist der Sperrschwinger dem Meißnergenerator sehr ähnlich. Im Beispiel Bild 53 ist der Verstärker in Basisschaltung aufgebaut. Die Rückkopplung ist besonders fest. Dadurch wird erreicht, daß beim Anlegen einer Gleichspannung der im Kollektorkreis entstehende Stromstoß eine Spannung in der Sekundärwicklung w_2 induziert. Die Spule muß so gepolt sein, daß die Induktionsspannung einen Strom treibt, der dem Emitterstrom entgegenfließt und damit auch den Kollektorstrom unterbricht. Das zusammenbrechende Magnetfeld der Spule w_1 erzeugt nun eine Induktionsspannung in der Sekundärspule, die dem ersten Spannungsstoß entgegengerichtet ist. Dadurch wird ein Emitterstrom hervorgerufen, der die gleiche Richtung wie der Kollektorstrom hat; es wird ein neuer Stromimpuls im Kollektorstromkreis erzeugt. Damit beginnt der Vorgang von vorn.

Die Impulsfolgefrequenz des Sperrschwingers wird wesentlich durch die Kapazität C und den Parallelwiderstand R bestimmt.

Beim Triggerbetrieb werden über einen Koppelkondensator Signale mit kleiner Impulsbreite (sog. Nadelimpulse) eingespeist. Die Überlagerung der Emitterspannung mit der Spannung der Triggersignale führt zu einer Steuerung des Schwingvorgangs durch die Triggersignale. Am Ausgang der Schaltung liegen Signale der gleichen Frequenz an.

In welchem Umfang ein Sperrschwinger getriggert werden kann, hängt von verschiedenen Umständen ab. Neben der Art der Schaltung (außer dem im Bild 53 dargestellten Beispiel sind auch andere Schaltungen möglich und in Gebrauch) spielt das Verhältnis der Triggerspannung zur Betriebsspannung eine Rolle sowie das Verhältnis der Eigenfrequenz zur Triggerfrequenz. Es ist durchaus möglich, Sperrschwinger als Frequenzteiler einzusetzen. Dabei können in einer Stufe Frequenzuntersetzungen 10:1 erreicht werden.

Die Form der Ausgangssignale hängt vom Arbeitspunkt des Transistors ab. Die Ausgangssignale sind zumeist dreieckförmig, können aber auch rechteckig mit starkem Dachabfall sein.

5.2. Schmitt-Trigger

Diese Schaltung wird bevorzugt für die Impulsformung verwendet. Man findet sie dort eingesetzt, wo die davorliegenden Baustufen (z. B. astabiler Multivibrator) oder Kontaktglieder keine einwandfreien Rechtecksignale liefern oder diese durch Prellungen für nachfolgende Baustufen unbrauchbar machen.

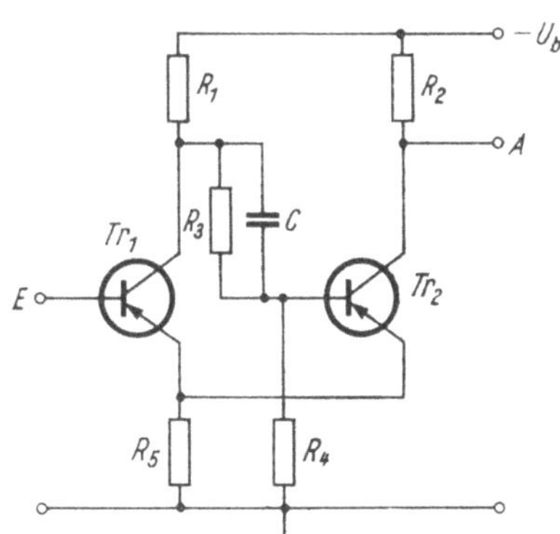

Bild 54. Schmitt-Trigger

Im Bild 54 ist eine gebräuchliche Schaltung wiedergegeben. Die im Zweig des Transistors Tr_1 liegenden Widerstände sind so dimensioniert, daß durch Tr_1 kein Strom fließt, wenn am Eingang E keine Spannung anliegt. Dagegen erzeugt der von R_1, R_3 und R_4 gebildete Spannungsteiler für Tr_2 eine negative Basisspannung, die ausreicht, Tr_2 zu „öffnen". Über Tr_2 fließt ein Strom und erzeugt über R_2 einen Spannungsabfall, der am Ausgang A anliegt. Wird nun an den Eingang eine allmählich ansteigende negative Spannung angelegt, dann erreicht die Spannung einmal eine Höhe, die ausreicht, um Tr_1 zu öffnen. Man bezeichnet diese Spannung als Schwellwert. In diesem Augenblick sinkt der Innenwiderstand von Tr_1 so weit, daß R_3 praktisch an der gleichen Spannung liegt wie der Emitter von Tr_2. Dadurch wird aber dieser Transistor gesperrt. Der Innenwiderstand des gesperrten Transistors ist so hoch, daß am Ausgang keine Spannung anliegt. Dieser Zustand hält so lange an, bis die am Eingang liegende Spannung unter den Wert absinkt, der zum Öffnen des Transistors Tr_1 erforderlich war. In diesem Augenblick wird der ursprüngliche Zustand wieder hergestellt.

Aus diesem Verhalten folgt:

a) die Impulsdauer δ des Ausgangssignals ist gleich der Zeit, während der die Eingangsspannung den Schwellwert hält oder übersteigt
b) die Schaltung kann mit Eingangsimpulsen beliebiger Anstiegszeit und Abfallzeit getriggert werden
c) die Ausgangssignale haben kurze Anstiegs- und Abfallzeiten

Diese Verhaltensweise der Schaltung begründet die häufig gebrauchte Bezeichnung Schwellwert-Schalter.

Die beschriebene Schaltung hat den Nachteil, daß sie einen sehr kleinen Eingangswiderstand hat und einen Generator mit kleinem Ausgangswiderstand erfordert. Bild 55 zeigt eine verbesserte Schaltung mit hohem Eingangswiderstand. Sie unterscheidet sich zunächst dadurch von der üblichen Schaltung, daß sie für die Emitterspannung eine zusätzliche Spannung vorsieht, die gegenüber dem Massepunkt $\perp$ ein positives Potential hat und für einen konstanten Emitterstrom sorgt. Von dieser Spannung wird eine konstante positive Spannung über den Rückkoppelwiderstand R_{k2} an die Basis des Transistors Tr_1 gelegt. Die Ausgangsimpulse werden über eine Z-Diode abgenommen. Es ist auch möglich, den Widerstand R_{k1} durch eine Z-Diode zu ersetzen und die volle Spannung über R_1 an das Potentiometer zu legen. Dadurch wird eine sehr große Ansprechempfindlichkeit erreicht.

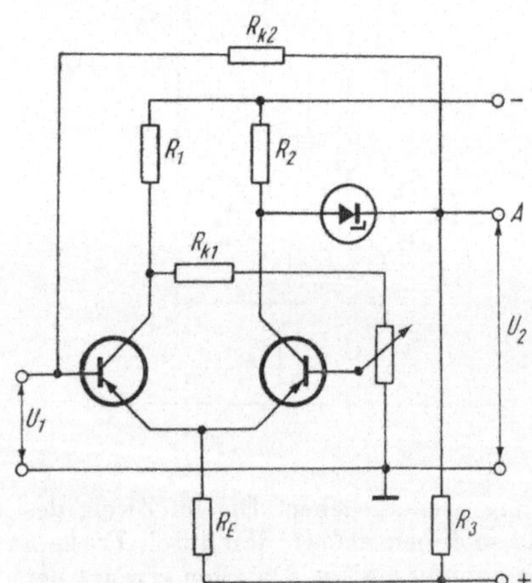

Bild 55. Verbesserter Schmitt-Trigger
(nach Siemens & Halske)

5.3. Monostabiler Multivibrator (Univibrator)

Diese Baustufe wird wie der Schmitt-Trigger als Impulsformer eingesetzt. Sie hat den Vorzug, Ausgangssignale mit gleicher Impulsbreite δ zu liefern.

54

Der monostabile Multivibrator kippt nach einem Anstoß von außen in die seinem
Anfangszustand entgegengesetzte Lage, geht aber nach der Haltezeit t_H von selbst
in seine Anfangslage zurück. Wird er von einer Impulsfolge angesteuert, dann ist
die Ausgangsimpulsfolgefrequenz gleich der Eingangsfrequenz.

Kennzeichnend für den monostabilen Multivibrator Bild 56a ist der Spannungsteiler vor dem Transistor Tr_2 — ähnlich wie beim Schmitt-Trigger. Der Basis des
Transistors Tr_1 wird — im Gegensatz zum astabilen Multivibrator — über R_{b1}
eine konstante negative Spannung zugeführt. Dadurch wird Tr_1 bereits geöffnet,
wenn keine Spannung am Eingang liegt. Über den Spannungsteiler wird Tr_2
gesperrt, und über R_{c2} fällt keine Spannung ab. Über dem Transistor liegt die
volle Betriebsspannung.

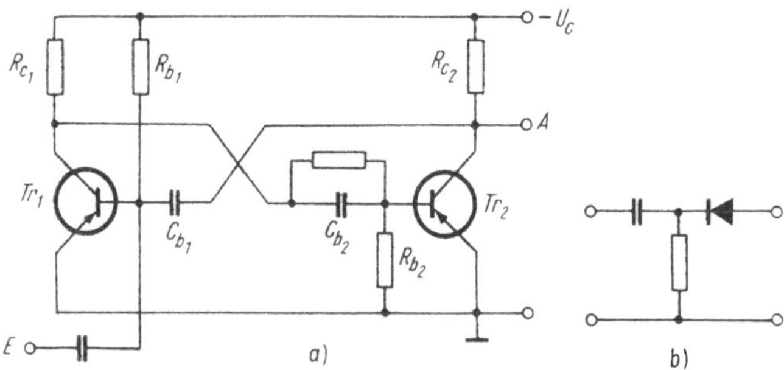

Bild 56. Monostabiler Multivibrator (Univibrator)
a) Stromlaufplan; b) Differenzierglied

Erscheint am Eingang der Schaltung ein positiver Impuls, dessen Spannung
höher ist als die negative Vorspannung, wird Tr_1 gesperrt. Sein Innenwiderstand
wird viel größer als R_{c1}. Dadurch liegt an C_{b2} ein negatives Potential, und der
Kondensator lädt sich auf. Damit erhält aber auch die Basis von Tr_2 eine negative
Spannung: Tr_2 wird geöffnet, und die Spannung über dem Transistor wird Null.
Dieser Zustand hält so lange an, bis sich C_{b2} entladen hat. Die Dauer der Ent-
ladung hängt von der Kapazität des Kondensators und der Größe der beiden
Widerstände ab. Daraus folgt:

a) die Breite des Ausgangssignals wird von den Bauelementen der Schaltung
   bestimmt. Allerdings müssen die Eingangsimpulse schmaler als die gewünsch-
   ten Ausgangsimpulse sein

b) Anstiegs- und Abfallzeiten der Eingangsimpulse müssen möglichst kurz sein,
   um ein sicheres Schalten zu garantieren

c) die Ausgangsimpulse haben sehr kurze Anstiegs- und Abfallzeiten

Die Forderungen a) und b) werden häufig durch sog. Differenzierglieder verwirklicht, die man vor den Eingang der Schaltung legt. Bild 56b zeigt ein Differenzierglied für negative Signale.

Auch monostabile Multivibratoren können mit Vierschichtdioden aufgebaut
werden (Bild 57). Zum Unterschied vom astabilen Multivibrator liegt bei dieser
Schaltung vor $4D_1$ noch eine Diode D_1. Die Vierschichtdioden werden so aus-
gewählt, daß die Schaltspannung von $4D_1$ höher und die von $4D_2$ tiefer als die
Batteriespannung liegt. Dadurch ist im Ruhezustand $4D_1$ gesperrt und $4D_2$
geöffnet. Wird ein positiver Impuls an den Eingang gelegt, zündet $4D_1$. Da jetzt

$4D_1$ keinen nennenswerten Innenwiderstand mehr hat, liegt der Kondensator C praktisch am Potential Plus und lädt sich auf. Dabei wird aber die Spannung an der Katode von $4D_2$ unter die Schaltspannung gesenkt und der Strom über diese Vierschichtdiode unterbrochen. C kann sich langsam über R_2 entladen, bis die Schaltspannung von $4D_2$ wieder erreicht wird und dieses Bauelement erneut zünden kann. Allerdings muß zu diesem Zeitpunkt der Eingangsimpuls bereits beendet sein.

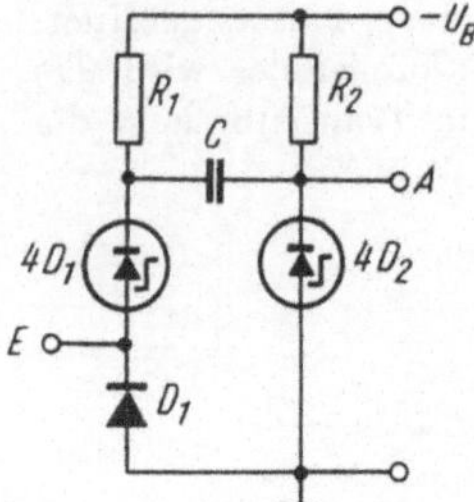

Bild 57
Monostabiler Multivibrator mit Vierschichtdioden
(nach Intermetall)

5.4. Bistabiler Multivibrator (Flip-Flop)

Diese Baustufe findet als elektronischer Schalter, als Speicherglied, als Frequenzteiler und als Element für Zählketten und Schieberegister die vielfältigste Anwendung. Die Schaltung kippt nach einem Anstoß von außen in eine definierte Lage, in der sie stehenbleibt, bis ein zweiter Anstoß folgt. Daraufhin kippt sie in die entgegengesetzte Lage. Diese Arbeitsweise hat der Schaltung die englische Bezeichnung Flip-Flop eingebracht, die lautmalend zu verstehen ist und mit dem deutschen „Klipp-Klapp" verglichen werden kann.

Infolge des symmetrischen Aufbaus der Schaltung (Bild 58) ist es von gewissen Zufällen (Toleranz der Bauelemente, Spannungspitze beim Einschalten u. a.) abhängig, welche Seite der Schaltung bei der Inbetriebnahme zuerst Strom führt und welche gesperrt ist. Bei Verwendung des Flip-Flop als Frequenzuntersetzer ist der Anfangszustand i. allg. gleichgültig. Soll das Flip-Flop aber als Schalter, Zwischenspeicher oder Zählerstufe dienen, muß ein definierter Anfangszustand hergestellt werden. Das geschieht durch Anlegen einer Spannung an einen Eingang, der meist als Rückstellung bezeichnet wird (z. B. Bild 61a).

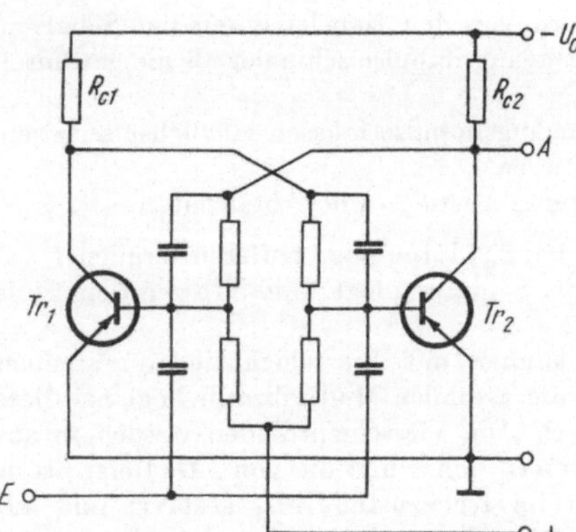

Bild 58. *Bistabiler Multivibrator*
(Flip-Flop)

56

Das im Bild dargestellte Schaltungsbeispiel mit *einem* Eingang arbeitet mit positiven Eingangsimpulsen. Die Spannungsteiler an den Basen der beiden Transistoren sorgen für eine negative Vorspannung. Durch diese wird ein Transistor geöffnet und damit automatisch der andere gesperrt. Trifft nun am Eingang *E* ein positiver Impuls ein, dann ist dieser zunächst ohne Wirkung auf die gesperrte Seite. Es wird jedoch die bisher geöffnete Seite gesperrt und damit die bisher gesperrte zwangsläufig geöffnet. Mit dem nächsten Eingangsimpuls tritt eine Umsteuerung in die entgegengesetzte Lage ein.

Werden die Spannungsteiler mit umgekehrten Widerstandsverhältnissen aufgebaut, so daß an den Basen der Transistoren positive Vorspannungen stehen, sind negative Impulse zur Ansteuerung erforderlich.

Im dargestellten Schaltungsbeispiel Bild 58 gehen die Eingangsimpulse über Kondensatoren. Das hat zur Folge, daß die Schaltung nicht auf Schalt*spannungen*, sondern auf Spannungs*sprünge* anspricht. Durch entsprechende Dimensionierung der Bauelemente wird erreicht, daß der Kippvorgang beim Sprung von 0 nach L (0/L-Sprung) oder von L nach 0 (L/0-Sprung) ausgelöst wird. In beiden Fällen spricht man von dynamischer Ansteuerung der Baustufe. Im ersten Fall schaltet die Vorderflanke, im zweiten die Rückflanke der binären aus L- und 0-Spannungen bestehenden Signalfolge.

Erfolgt dagegen die Einspeisung der Signale über einen ohmschen Widerstand oder direkt auf die Basis des Transistors, lösen die Schaltspannungen der L- und 0-Signale das Umkippen der Schaltung aus. Man spricht dann von statischer Ansteuerung. Es ist allgemein üblich und teilweise durch Standards festgelegt, daß man in den Schaltungskurzzeichen für Flip-Flops dynamische und statische Eingänge durch unterschiedliche Symbole kennzeichnet (Bild 59).

Da sich nach jedem zweiten Eingangssignal am Ausgang der gleiche Zustand einstellt, bewirkt die Flip-Flop-Schaltung die Untersetzung einer am Eingang liegenden Impulsfolgefrequenz im Verhältnis 2:1. Wird die Verbindung zwischen den beiden Eingangskondensatoren aufgetrennt, erhält man einen bistabilen Multivibrator mit zwei Eingängen. Die Schaltung wird dann von zwei getrennten Impulsfolgen gesteuert, von denen die eine zum „Setzen", die andere zum „Rücksetzen" der Schaltung dient. Weitere Erläuterungen s. Abschnitte 6.5. und 7.6.

Einfache Flip-Flop-Schaltungen lassen sich wiederum mit Vierschichtdioden aufbauen (Bild 60). Die Schaltspannung der Vierschichtdioden wird höher als die Batteriespannung gewählt. Trotzdem wird im Augenblick des Einschaltens

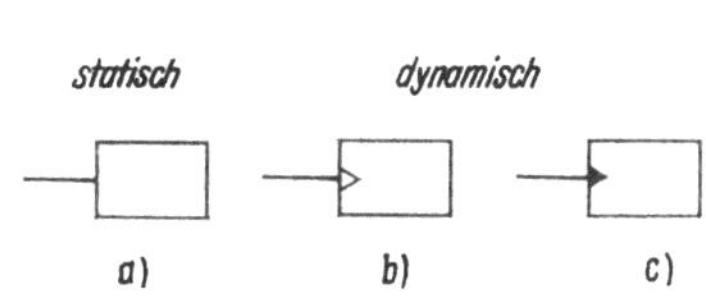

Bild 59. Eingänge einer Kippstufe
a) auf Signalwert L ansprechend
b) auf Sprung 0/L ansprechend
c) auf Sprung L/0 ansprechend

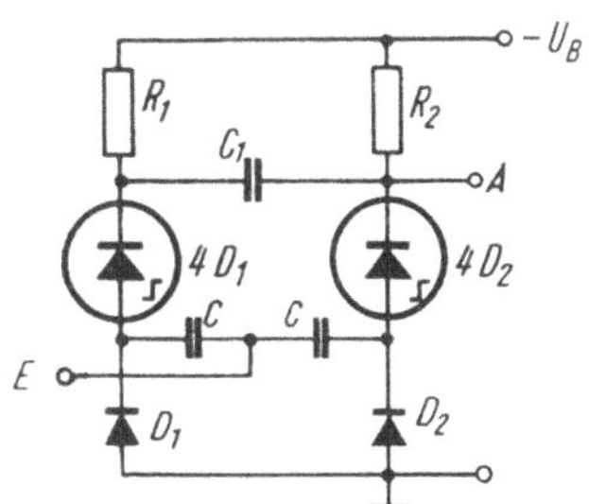

Bild 60. Bistabiler Multivibrator mit Vierschichtdioden
(nach Intermetall)

infolge der Schaltspitze eine Vierschichtdiode zünden und damit wird die andere sicher gesperrt. Ein am Eingang ankommender Impuls wird die Spannungsverhältnisse so ändern, daß die Schaltung umkippt.

5.5. Zählschaltungen und Schiebelinien

Zählschaltungen werden zum Auszählen von Impulsfolgen benötigt. Die gezählten Impulse können durch Signallampen angezeigt werden oder nach Erreichen einer vorgegebenen Anzahl eine Schaltfunktion (z. B. zum Unterbrechen der Impulsfolge) auslösen. Derartige Zähler erreichen weit höhere Zählgeschwindigkeiten

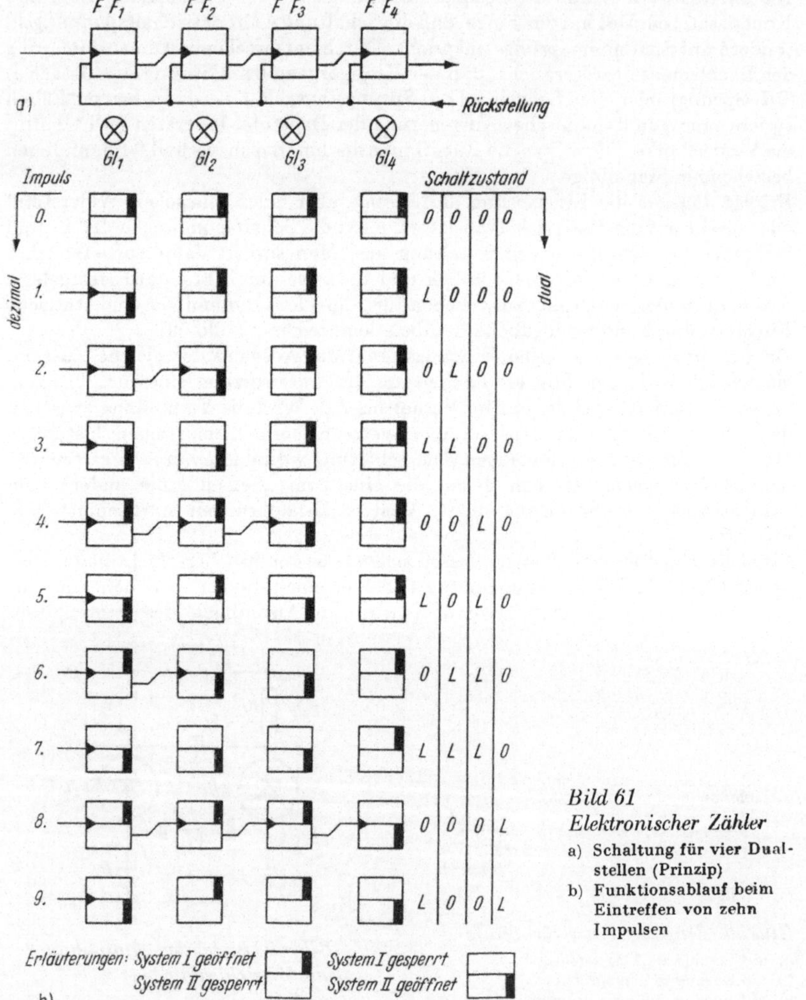

Bild 61
Elektronischer Zähler
a) Schaltung für vier Dualstellen (Prinzip)
b) Funktionsablauf beim
   Eintreffen von zehn
   Impulsen

als mechanische Zähler. Moderne Zählschaltungen zählen 10^6 und mehr Impulse je Sekunde.

Alle Zählschaltungen enthalten eine bestimmte Anzahl von bistabilen Baustufen (z. B. Flip-Flops). Die im Bild 61a durch Schaltsymbole dargestellte Zählschaltung enthält vier Flip-Flops. Damit kann der Bereich 0 bis 15 Impulse erfaßt werden. Mit fünf bistabilen Baustufen kann bis 31, mit n Baustufen bis $2^n - 1$ gezählt werden.

Jedes Flip-Flop dieser Schaltung ist mit einer Anzeigelampe Gl ausgestattet, die so lange leuchtet, wie das zweite (untere) System des FF geöffnet ist.

Alle FF liegen an einer Rückstelleitung, über die vor jedem Zählvorgang durch einen von außen kommenden Spannungs- bzw. Stromstoß sämtliche FF in die gleiche Lage gebracht werden können.

Es wird angenommen, daß im Anfangszustand alle Systeme I geöffnet, alle Systeme II gesperrt und alle Lampen erloschen sind. Weiterhin wird angenommen, daß die FF nur dann kippen, wenn ein negativer Impuls eintrifft. Unter diesen Voraussetzungen laufen die Funktionen nach Bild 61b ab:

1. Impuls: Der an E ankommende negative Impuls sperrt System I/FF_1 und öffnet II/FF_1; Gl_1 leuchtet
2. Impuls: I/FF_1 wird geöffnet und II/FF_1 gesperrt, Gl_1 erlischt. Dabei entsteht ein negativer Impuls, der auf FF_2 gelangt und I/FF_2 sperrt. Dadurch wird II/FF_2 geöffnet und Gl_2 leuchtet
3. Impuls: I/FF_1 wird gesperrt, II/FF_1 geöffnet und Gl_1 leuchtet
4. Impuls: I/FF_1 wird geöffnet, II/FF_1 gesperrt, Gl_1 erlischt. An FF_2 liegt jetzt ein negativer Impuls, so daß auch I/FF_2 öffnet, II/FF_2 sperrt und Gl_2 erlischt. Nun läßt ein negativer Impuls FF_3 kippen: I/FF_3 wird gesperrt, II/FF_3 öffnet und Gl_3 leuchtet
5. Impuls: I/FF_1 wird gesperrt, II/FF_1 geöffnet und Gl_1 leuchtet. FF_2 und alle nachfolgenden FF bleiben unverändert
6. Impuls: I/FF_1 wird geöffnet, II/FF_1 gesperrt, Gl_1 erlischt. Ein negativer Impuls sperrt I/FF_2, öffnet II/FF_2 und Gl_2 leuchtet. Alle weiteren FF werden nicht verändert

Die folgenden Impulse steuern in der gleichen Weise nacheinander alle Flip-Flops.

	1	2	4	8
1. Dekade	○	○	○	○
2. Dekade	10 ○	20 ○	40 ○	80 ○
3. Dekade	100 ○	200 ○	400 ○	800 ○
4. Dekade	1000 ○	2000 ○	4000 ○	8000 ○

Bild 62. Anzeige-Lampenfeld einer Zählschaltung für den Zahlenbereich 0 bis 9999

Wie man leicht erkennen kann, erscheinen die gezählten Impulse in dualer Zahlendarstellung. Nun lassen sich aber Dualzahlen mit großer Stellenzahl schwer überschauen. Deshalb ist es üblich, derartige Zählschaltungen so aufzubauen, daß für jede Dezimalstelle eine die Zahlen 0 bis 9 umfassende Zähldekade vorhanden ist. Im Prinzip entspricht das der Tetradendarstellung der Dezimalzahlen. Jede Dekade kommt dabei mit vier FF aus. Bild 62 zeigt das Lampenfeld einer solchen Zählschaltung für den Zahlenbereich 0 bis 9999. (Die Dualstellen

1 ··· 8 können auch übereinander und die Dezimalstellen nebeneinander angeordnet sein.) Durch gesonderte Dual-Dezimal-Umwandlungsschaltungen kann eine direkte dezimale Anzeige erreicht werden. Der Übergang von einer Dekade auf die nächste erfolgt durch den *Zehnerübertrag* (Bild 63). Hierzu ist eine Verbindung zwischen I/FF_2 und FF_4 vorhanden. Hinter FF_4 liegt der erste FF der nächsten Dekade. Daraus ergibt sich folgende Arbeitsweise: Mit dem 9. Impuls haben die zweiten Systeme von FF_1 und FF_4 geöffnet und die entsprechenden Lampen *Gl* leuchten. Folgt jetzt der 10. Impuls, dann sperrt I/FF_2, ein negativer Impuls gelangt zu I/FF_4; II/FF_4 sperrt und sendet einen negativen Impuls auf FF_1 der nächsten Dekade. Da der 10. Impuls II/FF_2 unerwünscht öffnet, muß der Ausgangsimpuls von FF_4 den Flip-Flop FF_2 wieder zurückkippen. Dadurch

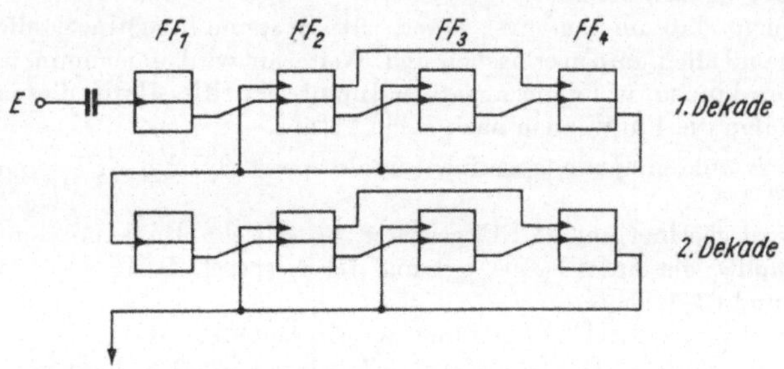

Bild 63. Zehnerübertrag (Prinzip)

wird aber ein negativer Impuls ausgelöst, der FF_3 kippen würde. Deshalb muß der Ausgangsimpuls von FF_4 auch FF_3 sperren. Aus diesem Grunde sind die beiden Rückführungsleitungen von FF_4 an FF_2 und FF_3 erforderlich.

Schiebelinien (auch Schieberegister oder Schiebeketten genannt) sind Speicher- oder Verzögerungsschaltungen, die einzelne Impulse oder Impulsfolgen schrittweise durch eine Reihe von bistabilen Baustufen (z. B. bistabile Multivibratoren) hindurchschieben.
Zu diesem Zweck erhält der Eingang jeder zweiten Stufe einen ständig einlaufenden Schiebe- oder Arbeitstakt (Bild 64 a).
Im Ruhezustand, wenn am Eingang *E* kein Signal liegt, sind durch die Impulse des Arbeitstaktes die Systeme I aller FF geöffnet. Gelangt ein Signal L an I/FF_1, wird dieses System gesperrt, aber nur so lange, bis der nächste Taktimpuls I/FF_1 wieder öffnet und II/FF_1 sperrt. Durch das Umkippen gelangt ein Schaltimpuls auf I/FF_2, das nun gesperrt wird, während II/FF_2 öffnet. Durch den nächsten Taktimpuls wird II/FF_2 gesperrt und ein Schaltimpuls auf I/FF_3 übertragen. So wandert das Signal L vom Eingang *E* durch die ganze Kette bis zum Ausgang *A*. Hat die Taktfrequenz die Periodendauer *T* und enthält die Schaltung *n* Stufen, dann beträgt die Durchlaufzeit des Impulses $n \cdot T$.
In Rechenanlagen, die mit tetradenverschlüsselten Dezimalzahlen arbeiten, sind Schieberegister mit $n = 4$ FF von besonderer Bedeutung, weil ein Signal L nach vier Taktimpulsen am Ausgang erscheint und damit um genau eine Tetrade verzögert wird.
Wird der Ausgang *A* mit dem Eingang *E* durch eine Leitung verbunden, dann wird jedes am Ausgang angekommene Signal erneut durch die Kette hindurchgeschoben. Dieser Vorgang läuft so lange, wie der Arbeitstakt einwirkt. Man erhält somit einen Impulsspeicher, der allgemein *Ringzähler* genannt wird. Der

Speicher kann gleichzeitig so viele L- und 0-Signale aufnehmen, wie Flip-Flop-Baustufen vorhanden sind.

Sollen die in einem Schieberegister oder einem Ringzähler gespeicherten Informationen zur weiteren Verarbeitung entnommen werden, sind prinzipiell zwei Wege möglich.

Werden Informationen als Impulsfolge (d. h. in Seriendarstellung) gebraucht, dann können sie durch den Arbeitstakt aus der Kette herausgeschoben werden.

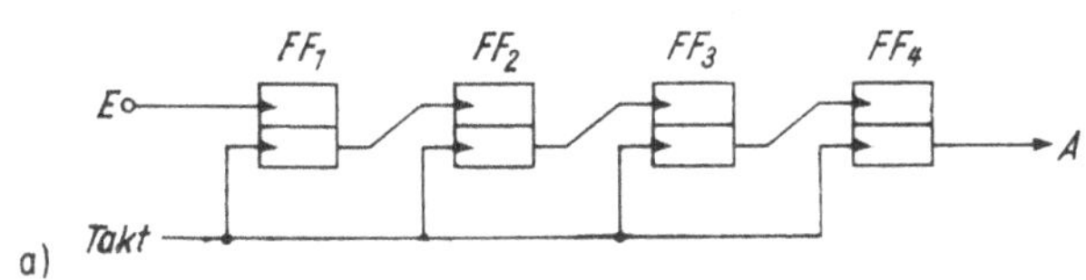

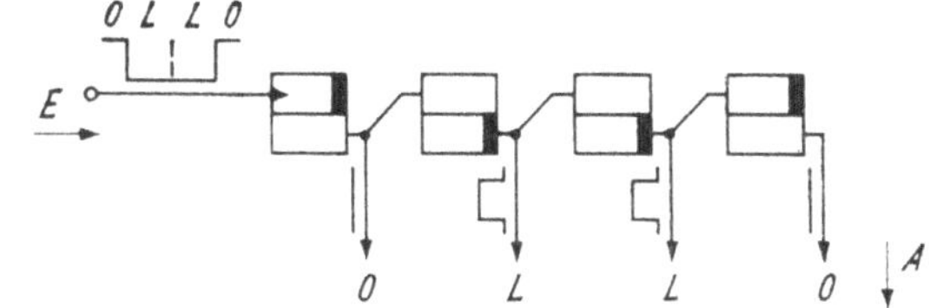

Bild 64. Schieberegister
a) **Prinzipschaltung**; b) Umwandlung einer Serienfolge in eine Parallelfolge

Wenn die Paralleldarstellung gefordert wird, muß durch eine zusätzliche Steuerung der Arbeitstakt unterbrochen werden. Jedes Flip-Flop ist in diesem Fall mit einer gesonderten Ausgabeleitung versehen, über die dann die Schaltzustände aller Baustufen gleichzeitig abgefragt werden können (Bild 64b).

6.   Logische Verknüpfungen

Die logischen Verknüpfungen (Logikelemente) gestatten die Verwirklichung der Gesetze der Schaltalgebra [RA 25]. Sie ermöglichen damit die kontaktlose Steuerung und Regelung [RA 2, RA 38] und den Aufbau digitaler Rechenanlagen [RA 5, RA 12, RA 77].

Die Elemente logischer Schaltungen werden in der deutschen Fachsprache Glieder, Knoten oder (nach dem englischen gate = Tor) Gates oder Gatter genannt. In den nachfolgenden Beschreibungen soll die am weitesten verbreitete Bezeichnung *Glied* beibehalten werden.

Die von den Logikelementen verknüpften Signale erscheinen grundsätzlich in binärer (zweiwertiger) Darstellung. Das heißt, daß sie stets nur einen von zwei möglichen Zuständen annehmen können. Symbolisch werden diese Zustände durch L und 0 (Null) dargestellt. Innerhalb eines Systems können für L- und 0-Signale beliebige Spannungs- oder Stromwerte festgelegt werden. Wir nehmen hier — in Anlehnung an internationale Vereinbarungen — an, daß L durch eine Spannung $U_L = -7 \cdots -12$ V und 0 durch eine Spannung $U_0 = 0 \cdots -1$ V dargestellt werden.

6.1.　　Konjunktion (UND-Glied)

Diese Glieder haben die Aufgabe, die logische Funktion

$$E_1 \wedge E_2 \wedge \cdots \wedge E_n = A$$

auszuführen. Das Symbol $\wedge$ wird als „und" gelesen.

Die $E_1 \cdots E_n$ sind die Eingangssignale und A das Ausgangssignal des Schaltgliedes.

Diese logische Funktion fordert, daß nur dann am Ausgang ein Signal L erscheint, wenn gleichzeitig an *allen* Eingängen ein Signal L anliegt. In einer tabellarischen Übersicht ergibt sich für ein UND-Glied mit drei Eingängen folgendes Bild:

E_1	E_2	E_3	A
0	0	0	0
L	0	0	0
0	L	0	0
L	L	0	0
0	0	L	0
L	0	L	0
0	L	L	0
L	L	L	L

Bei 3 Eingängen sind also $2^3 = 8$ Eingangskombinationen möglich, von denen nur eine ein Ausgangssignal liefert. Im allgemeinen Fall ergeben n Eingänge 2^n Kombinationen. Die Schaltung, die diese Kombinationen realisiert, wird durch das im Bild 65a dargestellte Schaltungskurzzeichen symbolisiert.

Eine Reihenschaltung von drei Arbeitskontakten (Bild 65b) würde die gleiche Funktion ausüben: Es fließt nur dann ein Strom, wenn alle drei Kontakte geschlossen sind. Das elektronische UND-Glied wird üblicherweise aus passiven Bauelementen (Bild 65c) aufgebaut. Man spricht deshalb auch von passiven UND-Gliedern.

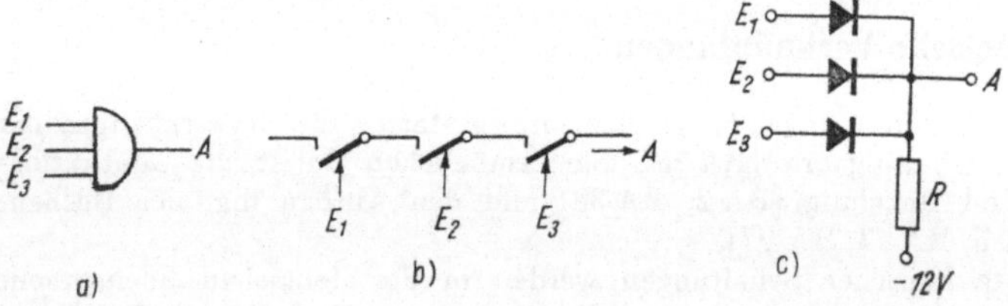

Bild 65. UND-Glied

a) Schaltungskurzzeichen;　b) Kontakt-Ersatzschaltbild;　c) UND-Glied für negative Signale

Die Arbeitsweise des passiven UND-Gliedes wird anhand von Bild 66 erläutert. Dazu denkt man sich zwischen den Ausgang A des UND-Gliedes vom Bild 65 und das Potential Null (U_0) den Lastwiderstand R_L gelegt. Im praktischen Fall wird dieser Widerstand durch den Eingangswiderstand der nachfolgenden Stufe dargestellt. Liegt an einem Eingang des UND-Gliedes das Signal 0 oder — was das gleiche bedeutet — die Anode der Diode an der Spannung $U_0 = 0$ V (Bild 66a), dann fließt ein Strom von U_0 über die Diode und den Widerstand R

62

nach U_-. Der geringe Durchlaßwiderstand der Diode ($<$ 100 Ω) stellt für den hoch-ohmigen Widerstand R_L praktisch einen Kurzschluß dar. Deshalb wird über R_L die Ausgangsspannung $U_{Aus} \approx 0$ gemessen.

Wird nach Bild 66b die Diode an U_- gelegt — das ist gleichbedeutend mit der L-Signalspannung am Eingang — dann wird der sehr große Sperrwiderstand der Diode den Spannungsteiler aus R_L und R nur unwesentlich beeinflussen. Nach der Spannungsteilerregel beträgt die Spannung über R_L:

$$U_{Aus} = U_L \cdot \frac{R_L}{R_L + R}$$

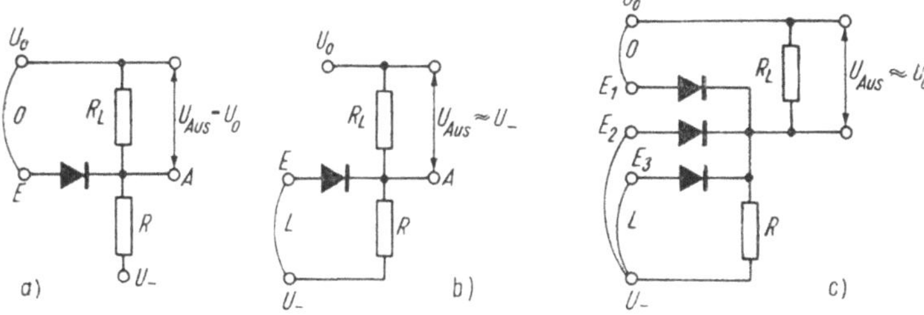

Bild 66. *Arbeitsweise des UND-Gliedes*

Signal 0 am Eingang E
Signal L am Eingang E
Signal 0 am Eingang E_1; Signal L an E_2 und E_3

Die Widerstände müssen so gewählt werden, daß die Ausgangsspannung zwischen -7 und -12 V liegt, um die nachfolgenden Stufen schalten zu können.

Liegen gleichzeitig mehrere Dioden an U_- — d. h. L-Signale an mehreren Ein-gängen — und nur eine an U_0 — d. h. ein 0-Signal an einem Eingang — (Bild 66c), dann bestehen nahezu die gleichen Spannungsverhältnisse wie bereits im Bild 66a dargestellt. Damit sind alle Bedingungen erfüllt, die die Schaltalgebra an eine Konjunktionsschaltung stellt.

Im praktischen Einsatz der UND-Glieder tritt häufig der Fall ein, daß an den Eingängen Signale mit unterschiedlichen Impulsbreiten δ — im Sonderfall auch Gleichspannungen — liegen. Dann wird die Breite des Ausgangssignals durch die Breite des schmalsten Impulses bestimmt. Treffen die Eingangssignale nicht gleichzeitig ein, dann ist die Breite des Ausgangssignals gleich der zeitlichen Differenz aus der Anstiegsflanke des zuletzt eintreffenden Impulses und der Abfallflanke des zuerst abschaltenden Impulses.

6.2.   Disjunktion (ODER-Glied)

ODER-Glieder führen die logische Funktion

$$E_1 \vee E_2 \vee \cdots \vee E_n = A$$

aus. Das Zeichen $\vee$ wird als „oder" gelesen. Es ist als Abkürzung für das latei-nische Wort vel (= oder) eingeführt worden.

Die Disjunktion liefert dann ein Ausgangssignal, wenn mindestens an *einem* Ein-gang ein Signal L steht.

Daraus folgen für ein Glied mit drei Eingängen diese Kombinationen:

E_1	E_2	E_3	A
0	0	0	0
L	0	0	L
0	L	0	L
L	L	0	L
0	0	L	L
L	0	L	L
0	L	L	L
L	L	L	L

Das Schaltungskurzzeichen für ein ODER-Glied ist im Bild 67a angegeben. Die Kontakt-Ersatzschaltung entspricht einer Parallelschaltung von drei Arbeitskontakten (Bild 67b): Es fließt dann ein Strom, wenn einer der drei Kontakte geschlossen ist. Ein passives ODER-Glied für negative Signale ist im Bild 67c dargestellt.

Die Arbeitsweise dieses logischen Elements wird anhand von Bild 68 erläutert, wobei wiederum der Lastwiderstand R_L zwischen dem Ausgang des ODER-Gliedes und Null beachtet wird. Liegt am Eingang die Spannung Null, dann

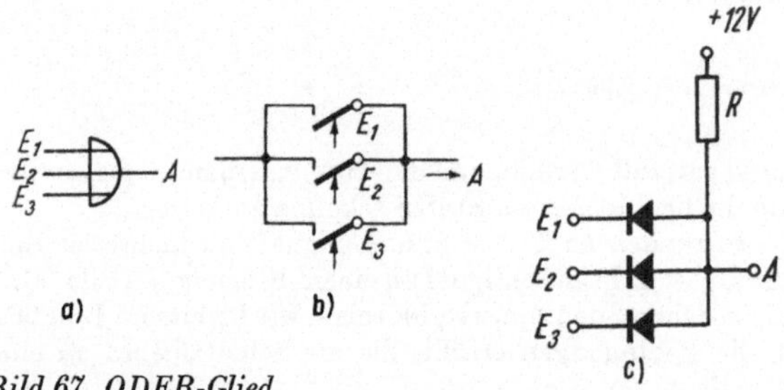

Bild 67. ODER-Glied

a) Schaltungskurzzeichen; b) Kontakt-Ersatzschaltbild; c) ODER-Glied für negative Signale

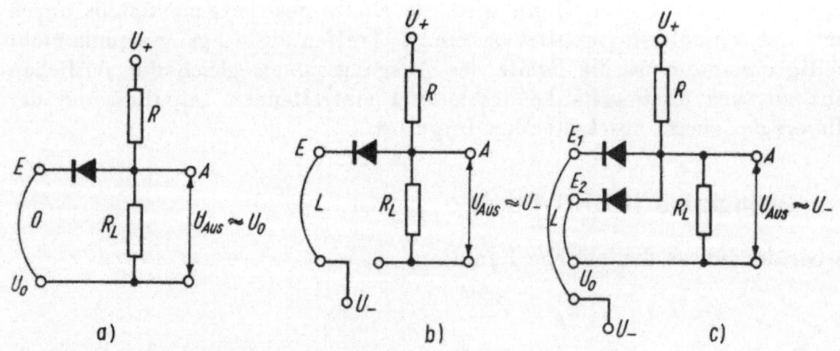

Bild 68. Arbeitsweise des ODER-Gliedes

a) Signal 0 am Eingang E
b) Signal L am Eingang E
c) Signal 0 am Eingang E_2; Signal L an E_1

fließt über den Widerstand und die Diode ein Strom. Der niedrige Durchlaßwiderstand der Diode schließt den Lastwiderstand R_L kurz; am Ausgang liegt
keine Spannung (Bild 68a).

Wenn die L-Signalspannung U_- am Eingang liegt (Bild 68b), dann fließt ein
Strom von U_+ über R. und die Diode. Gleichzeitig fließt auch ein Strom von O
über R_L, D nach U_-. Dieser Strom erzeugt über R_L einen Spannungsabfall, der
in der Größenordnung der Signalspannung liegt, wenn R_L viel größer als der
Durchlaßwiderstand der Diode ist. Liegt eine Diode an O und die anderen an L
(Bild 68c), dann wird stets die an L liegende wirksam sein und einen Spannungsabfall über R_L erzeugen. Vergleicht man die passiven UND- und ODER-Glieder
der Bilder 65c und 67c miteinander, dann ist folgender Zusammenhang leicht
zu verstehen: Wird das L-Signal durch eine positive Spannung dargestellt, während
das 0-Signal das Potential $U_0 = 0$ V beibehält, dann vertauschen die beiden
Schaltungen ihre logischen Funktionen. Das negative UND-Glied wird zum
positiven ODER-Glied und das negative ODER-Glied zum positiven UND-
Glied.

Die in den Abschnitten 6.1. und 6.2. beschriebenen Verknüpfungsglieder sind —
wie bereits erwähnt — passiv. Aktive Glieder erfordern Verstärkerbauelemente.
Da Verstärker in der Regel eine Phasenumkehr bewirken, kehren aktive UND-
und ODER-Glieder, die mit minimalem Aufwand aufgebaut worden sind, die
Ausgangssignale um. Derartige Verknüpfungsglieder werden NAND- und NOR-
Glieder genannt und unter Abschn. 6.4. beschrieben.

6.3.   Negation (NICHT-Glied)

Dieser Typ der Logikglieder, der auch als Inversion, Komplement oder Negator
bekannt ist, kehrt binäre Signale in ihr duales Komplement um. Die logische
Funktion wird durch die Gleichung

$$\bar{E} = A$$

beschrieben, „E quer gleich A" gelesen und durch die Tafel

E	A
0	L
L	0

erläutert.

Eine Schaltung, die diese Umkehrung verwirklicht, hat je einen Ein- und Ausgang. Bild 69a zeigt das Schaltungskurzzeichen. Eine Kontakt-Ersatzschaltung
würde mit einem einzelnen Ruhekontakt auskommen (Bild 69b). Schaltungstechnisch werden NICHT-Glieder als aktive Glieder ausgeführt (Bild 69c).

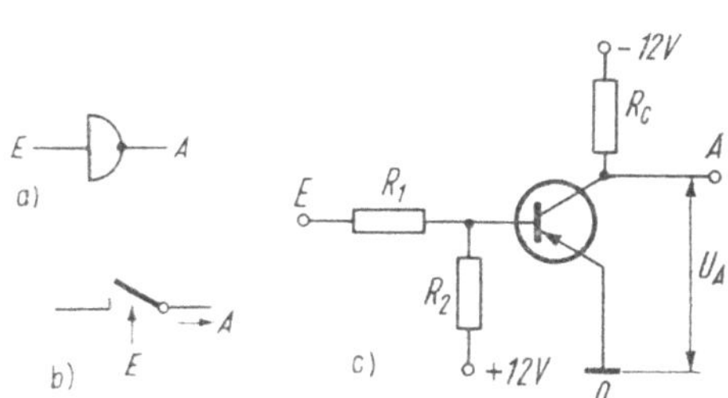

Bild 69. NICHT-Glied
a) Schaltungskurzzeichen
b) Kontakt-Ersatzschaltbild
c) NICHT-Glied für negative
   Signale

Im prinzipiellen Aufbau entspricht ein Negator einem einstufigen Verstärker. Durch die Widerstände R_1 und R_2 wird an die Basis eine Spannung gelegt, deren Höhe von der am Eingang E liegenden Spannung abhängt. Liegt am Eingang des Signal $0 \triangleq 0$ V, dann liegt über den Spannungsteiler $R_1 R_2$ eine positive Spannung an der Basis, und der Transistor ist gesperrt. In diesem Zustand ist der Innenwiderstand des Transistors viel größer als R_C. Dadurch liegt fast die volle Spannung $U_C = -12$ V am Ausgang A. Liegt dagegen die L-Spannung -12 V am Eingang, dann wird der Transistor geöffnet. Es fließt ein Kollektorstrom, und der Innenwiderstand des Transistors ist viel kleiner als R_C. Damit ist auch die Ausgangsspannung sehr klein. Bei entsprechender Dimensionierung der Bauelemente entspricht die Ausgangsspannung dem Signal Null.

Diese Arbeitsweise erfüllt somit die an ein NICHT-Glied gestellten Forderungen.

Das Ausgangssignal wird immer den Maximalwert der Signalspannung (in unserem Beispiel -12 V) erhalten, wenn die untere Toleranzgrenze der Signalspannung, die wir mit -7 V angenommen haben, am Eingang des Negators nicht unterschritten wird. Auf Grund dieser Tatsache werden in logischen Schaltungen größeren Umfangs Negatoren zum Regenerieren der Signale dazwischengeschaltet, wenn die Signalspannung U_L durch passive Glieder zu weit abgesenkt oder die Anstiegs- und Abfallzeiten des Signals zu groß geworden sind. Ist die negierende Wirkung unerwünscht, kompensiert man sie durch einen zweiten Negator.

6.4. Verbundglieder

Vielfach werden zwei oder mehrere logische Grundschaltungen zu einem neuen Glied vereinigt. Nachfolgend werden aus der Vielzahl gebräuchlicher Verbundglieder einige wichtige beschrieben.

NAND-Glied. Wird ein UND-Glied mit einem NICHT-Glied vereinigt, erhält man ein NAND-Glied. Diese Bezeichnung ist aus den englischen Wörtern *not* (= nicht) und *and* (= und) zusammengesetzt. Die logische Funktion eines solchen Gliedes mit drei Eingängen wird durch die Gleichung

$$\overline{E_1 \wedge E_2 \wedge E_3} = A$$

beschrieben und durch die Tafel

E_1	E_2	E_3	A
0	0	0	L
L	0	0	L
0	L	0	L
L	L	0	L
0	0	L	L
L	0	L	L
0	L	L	L
L	L	L	0

erläutert.

Bilder 70a und b zeigen das Schaltungskurzzeichen und eine vollständige Schaltung.

Bild 70c gibt eine andere NAND-Schaltung wieder, die nur aus aktiven Bauelementen besteht. Sie hat die gleiche logische Funktion: Am Ausgang A steht dann kein Signal, wenn an allen Eingängen E ein L-Signal liegt. Unter dieser

Bedingung sind die drei Transistoren geöffnet und zwischen A und Null liegt kein Spannungsabfall. Steht dagegen an einem Eingang Null, bleiben die Transistoren gesperrt und zwischen A und Null liegt nahezu die volle Betriebsspannung $U_C = -12$ V.

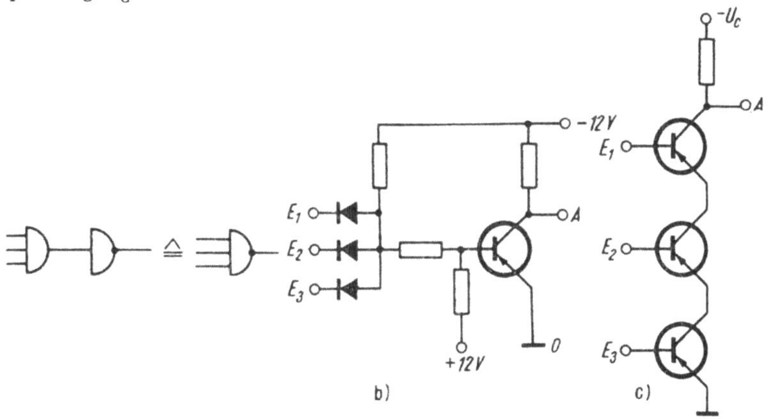

Bild 70. *NAND-Glied*

a) Schaltungskurzzeichen; b) Schaltung mit einem Transistor; c) Schaltung mit drei Transistoren

NOR-Glied. Dieses logische Element vereinigt die Wirkung eines ODER-Gliedes mit der eines NICHT-Gliedes. Die Bezeichnung ist aus den englischen Wörtern *not* und *or* (= oder) zusammengesetzt. Die Funktion des NOR-Gliedes mit drei Eingänge entspricht der Gleichung

$$\overline{E_1 \vee E_2 \vee E_3} = A :$$

E_1	E_2	E_3	A
0	0	0	L
L	0	0	0
0	L	0	0
L	L	0	0
0	0	L	0
L	0	L	0
0	L	L	0
L	L	L	0

In den Bildern 71a und b sind wiederum Schaltungskurzzeichen und Schaltung dargestellt. Bild 71c zeigt eine NOR-Schaltung aus aktiven Bauelementen. Wenn an mindestens *einem* Eingang ein L-Signal anliegt, ist die Schaltung geöffnet, und zwischen A und Null wird keine Spannung gemessen. NOR-Glieder in RTL-Schaltkreis-Technik werden im Abschn. 7. beschrieben.

Weitere Verbundglieder. Durch entsprechende Zusammenschaltung der Elementarglieder können weitere Verbundglieder gebildet werden. Folgende Glieder mit zwei Eingängen sind von praktischer Bedeutung:

a) Inhibit: $E_1 \wedge E_2 = A_a$

b) Implikation: $\bar{E}_1 \vee E_2 = A_b$

c) Äquivalenz: $(E_1 \wedge E_2) \vee (\bar{E}_1 \wedge \bar{E}_2) = A_c$

d) Antivalenz: $(\bar{E}_1 \wedge E_2) \vee (E_1 \wedge \bar{E}_2) = A_d$

Die Funktion dieser Glieder wird wiederum durch eine Tafel erläutert:

E_1	E_2	A_a	A_b	A_c	A_d
0	0	0	L	L	0
L	0	0	0	0	L
0	L	L	L	0	L
L	L	0	L	L	0

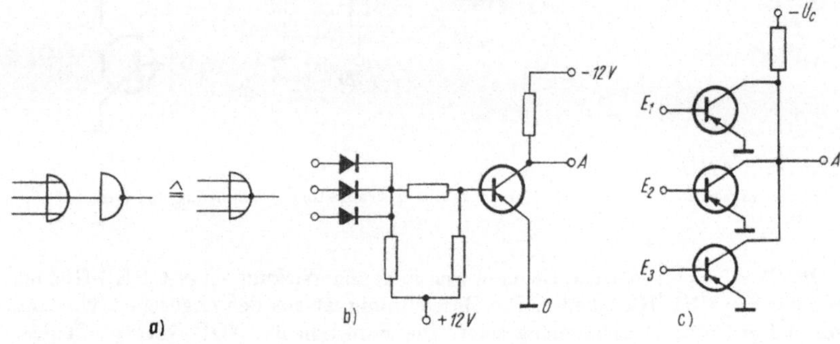

Bild 71. *NOR-Glied*

a) Schaltungskurzzeichen
b) Schaltung mit einem Transistor
c) Schaltung mit drei Transistoren

6.5.   Flip-Flop-Schaltungen aus logischen Verknüpfungsgliedern

Seit der Anwendung integrierter Schaltkreise (s. Abschn. 1.4.2.) werden bistabile Multivibratoren (Flip-Flops) durch Zusammenschalten von UND-, ODER-, NAND- und NOR-Bausteinen gebildet. Vielfach werden diese Zusammenschaltungen als gesonderte Bausteine angeboten. Die zahlreichen Möglichkeiten, die sich durch derartige Kombinationen ergeben, führen zu verschiedenartigen neuen Flip-Flop-Arten, die nicht nach ihrem inneren Aufbau, sondern nach ihrem logischen Verhalten klassifiziert und benannt werden. Dieser Abschnitt soll eine Übersicht über Flip-Flop-Arten und ihren Aufbau aus logischen Grundbausteinen vermitteln. Die dazu benutzte Einteilung, Benennung der Ein- und Ausgänge und deren Kurzzeichen wurde weitgehend, aber nicht ausschl. der Literatur [5] [14] [15] entnommen.

6.5.1.   *Speicher-Flip-Flops*

Die bistabilen Kippstufen der ersten Klasse dienen vorwiegend zur Speicherung von Signalen, die nur kurzzeitig an den Eingängen liegen. Bei dem am häufigsten gebrauchten Flip-Flops werden die Eingänge S (*to set*, engl.: setzen) und R

(*to reset*, engl.: rücksetzen) genannt (Bild 72a). Erscheint am Eingang S ein L-Signal, dann bleibt die Schaltung in der durch dieses Signal bestimmten Lage, bis am Eingang R ebenfalls ein L-Signal erscheint. Treten L-Signale gleichzeitig an S und R auf, gerät das Flip-Flop in einen nicht eindeutig bestimmbaren Zustand. Deshalb ist das gleichzeitige Anlegen von L-Signalen an beide Eingänge „verboten". Das gilt auch für den Fall, daß das Signal L am Eingang S noch nicht beendet ist, wenn am Eingang R das gleiche Signal auftritt.

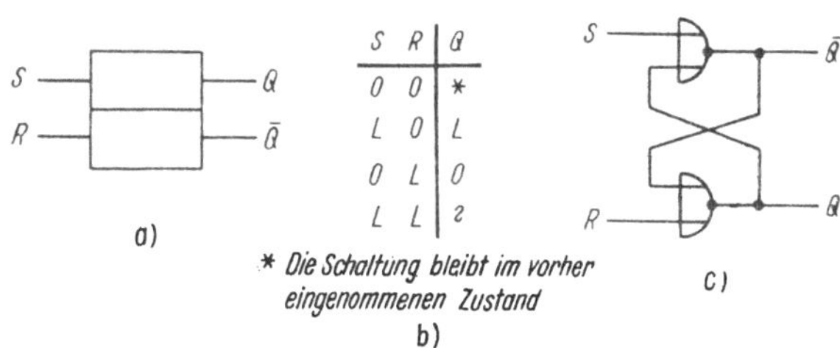

Bild 72. RS-Speicher-Flip-Flop

a) Schaltungskurzzeichen; b) Funktionstabelle; c) Schaltung mit zwei NOR-Gliedern

Derartige Schaltungen werden SR-Speicher-Flip-Flops oder wegen ihrer grundsätzlichen Bedeutung auch Basis-Flip-Flops genannt. Sie lassen sich in einfachster Form aus zwei NOR-Gliedern zusammensetzen (Bild 72c).
Ein anderes Flip-Flop dieser Klasse ist das DV-Speicher-Flip-Flop. Die Eingänge werden D (*to delay*, engl.: verzögern) und V (Vorbedingung) benannt. Wie aus Bild 73b zu ersehen ist, wird durch das am Eingang V liegende Signal bestimmt, ob ein L-Signal am Eingang D die Schaltung kippt oder nicht. Eine verbotene Ansteuerung gibt es nicht.

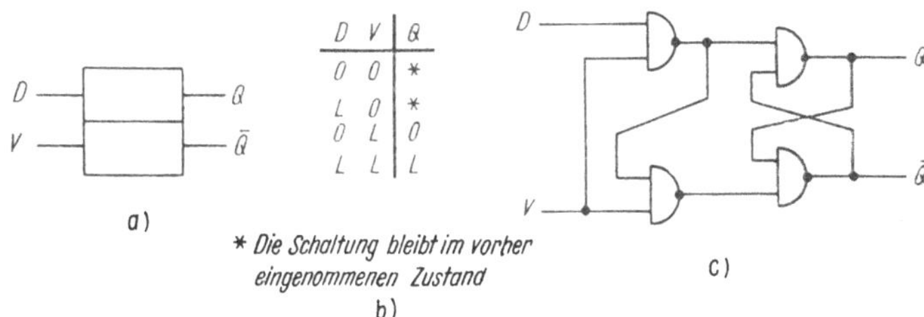

Bild 73. DV-Speicher-Flip-Flop

a) Schaltungskurzzeichen; b) Funktionstabelle; c) Schaltung mit vier NAND-Gliedern

6.5.2. Auffang-Flip-Flops

Die Schaltungen dieser Klasse besitzen außer den beiden Signaleingängen noch einen weiteren Eingang CP für Taktimpulse (Bild 74a). Man nennt sie deshalb auch getaktete Flip-Flops. Durch den Arbeitstakt werden Laufzeitunterschiede, wie sie bei größeren Anlagen mit einer Vielzahl von Schaltstufen auftreten können, aufgefangen. Das Kippen der Schaltung kann — je nach Auslegung der Schaltung — sowohl statisch durch L-Spannungen als auch dynamisch durch 0/L-Sprünge ausgelöst werden. Die Verarbeitung der Eingangssignale erfolgt in Abhängigkeit von den Taktimpulsen: Ein zur Zeit t_n am Eingang auftretendes Signal wird mit dem nächsten Taktimpuls, also zur Zeit t_{n+1}, am Ausgang Q erscheinen.

Auffang-Flip-Flops können gleichfalls als SR- und als DV-Flip-Flops aufgebaut werden (Bilder 74 und 75). Sie unterscheiden sich von den gleichnamigen Speicher-Flip-Flops durch vorgeschaltete UND- bzw. NAND-Glieder, über die die Taktimpulse eingespeist werden.

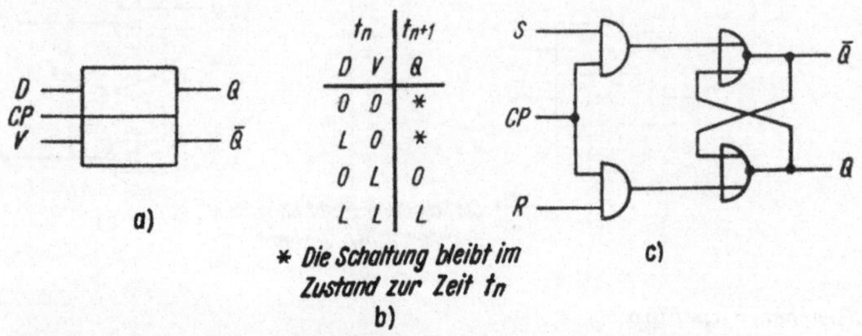

Bild 74. SR-Auffang-Flip-Flop

a) Schaltungskurzzeichen; b) Funktionstabelle; c) Schaltung mit je zwei UND- und NOR-Gliedern

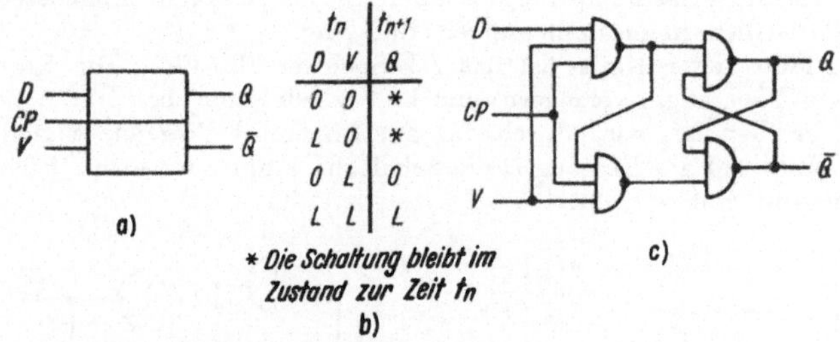

Bild 75. DV-Auffang-Flip-Flop

a) Schaltungskurzzeichen; b) Funktionstabelle; c) Schaltung mit vier NAND-Gliedern

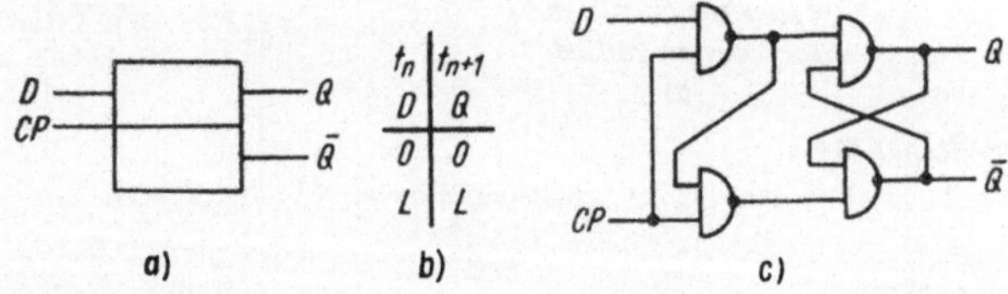

Bild 76. D-Auffang-Flip-Flop

a) Schaltungskurzzeichen; b) Funktionstabelle; c) Schaltung mit vier NAND-Gliedern

Eine Variante des DV-Auffang-Flip-Flops wird verwendet, wenn der V-Eingang nicht benötigt wird. Diese Schaltung wird als D-Auffang-Flip-Flop bezeichnet (Bild 76). Sie entspricht der Schaltung des DV-Speicher-Flip-Flops. Der Eingang V wird jedoch als Eingang CP mit Taktimpulsen belegt.

70

6.5.3. *Zähl-Flip-Flops*

Die dritte Klasse umfaßt Flip-Flops, die zum Aufbau von Zählern und Schieberegistern dienen und dabei ein neu ankommendes Signal in einem „Zwischenspeicher" aufbewahren, bis das vorhergehende und im „Hauptspeicher" stehende gelesen und verarbeitet worden ist. Man spricht deshalb auch von Zwei-Speicher-Flip-Flops. Es wird vorgeschlagen, zur Darstellung dieser Arbeitsweise in das Schaltungskurzzeichen eine Linie einzuzeichnen, die die Trennung von Zwischen- und Hauptspeicher andeuten soll (s. Bilder 77 a ff.).

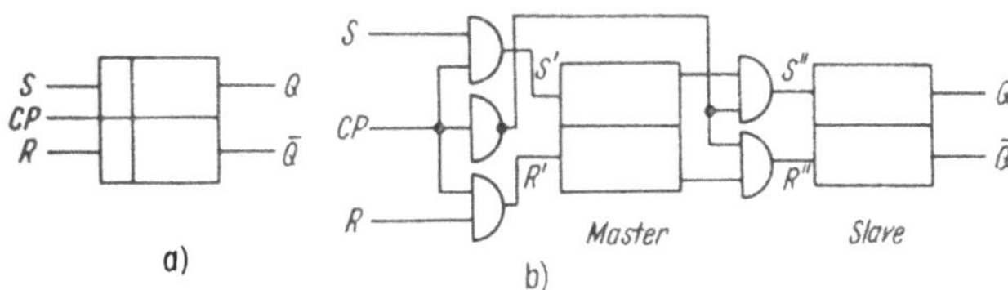

Bild 77. SR-Zähl-Flip-Flop (Master-Slave)

a) Schaltungskurzzeichen; b) Schaltung mit zwei *SR*-Speicher-Flip-Flop, einem NICHT- und vier UND-Gliedern

Zähl-Flip-Flops sind ebenfalls mit Takt-Impulseingängen versehen; sie haben deshalb auch die gleichen Funktionstafeln wie die Auffang-Flip-Flops.

Ein Zähl-Flip-Flop erhält man z. B. durch Verknüpfen zweier *SR*-Speicher-Flip-Flops mit vier UND-Gliedern (Bild 77). Die Taktimpulse werden in das erste Paar UND-Glieder direkt, in das zweite dagegen negiert eingespeist. An dieser Schaltung läßt sich deutlich die Zwei-Speicher-Struktur erkennen. Das Prinzip wird auch Master-Slave genannt und die erste Stufe *master* (engl.: Herr), die zweite *slave* (engl.: Sklave) bezeichnet. Ein *DV*-Zähl-Flip-Flop, das wiederum nur aus NAND-Gliedern aufgebaut ist, zeigt Bild 78. Gegenüber dem *SR*-Typ erfordert es einen geringeren Aufwand an Bausteinen.

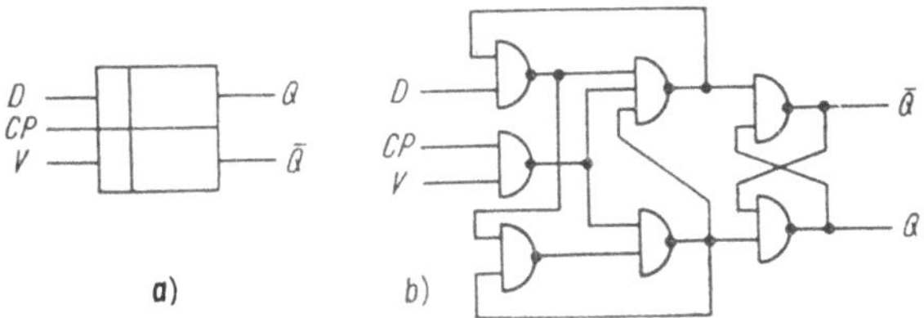

Bild 78. DV-Zähl-Flip-Flop

a) Schaltungskurzzeichen; b) Schaltung mit sieben NAND-Gliedern

Ein weiterer Master-Slave-Typ ist im Bild 79 dargestellt. Diese nach den Eingängen *JK*-Zähl-Flip-Flop benannte Kippstufe unterscheidet sich bereits in der Funktionstafel von den vorher beschriebenen Zähl-Flip-Flops: Wenn an beiden Eingängen ein L-Signal anliegt, erscheint mit dem nächsten Taktimpuls am Ausgang die Negation des im vorhergehenden Takt am Ausgang liegenden Signals. Daraus folgt auch, daß diese Schaltung eine am *CP*-Eingang anliegende Impulsfolgefrequenz im Verhältnis 2:1 untersetzt, wenn man die Eingänge *J* und *K* auf L legt.

Neben diesen Zähl-Flip-Flop-Typen sind noch D- (*delay*) und T- (*trigger*)Typen möglich. Sie können u. a. auch aus den DV- und JK-Typen abgeleitet werden (Bilder 80 und 81).

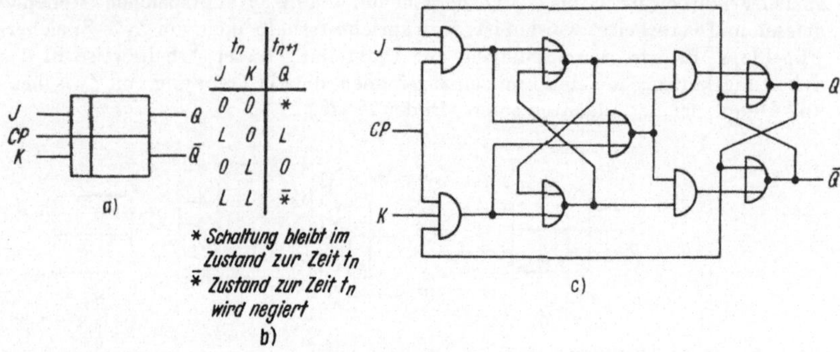

Bild 79. JK-Zähl-Flip-Flop (Master-Slave)

a) Schaltungskurzzeichen; b) Funktionstabelle; c) Schaltung mit fünf NOR- und vier UND-Gliedern

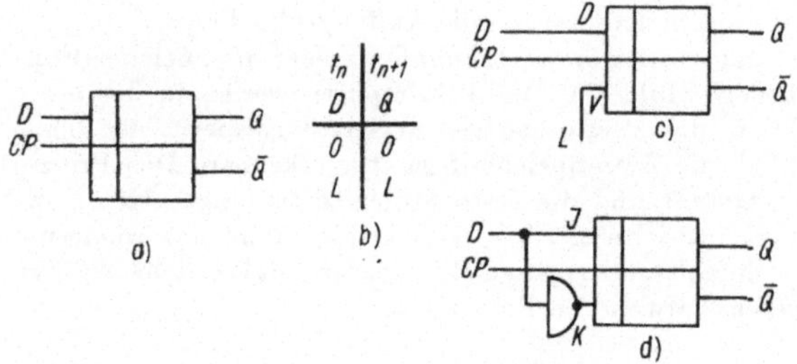

Bild 80. D-Zähl-Flip-Flop

a) Schaltungskurzzeichen; b) Funktionstabelle; c) aus DV-Zähl-Flip-Flop; d) aus JK-Zähl-Flip-Flop

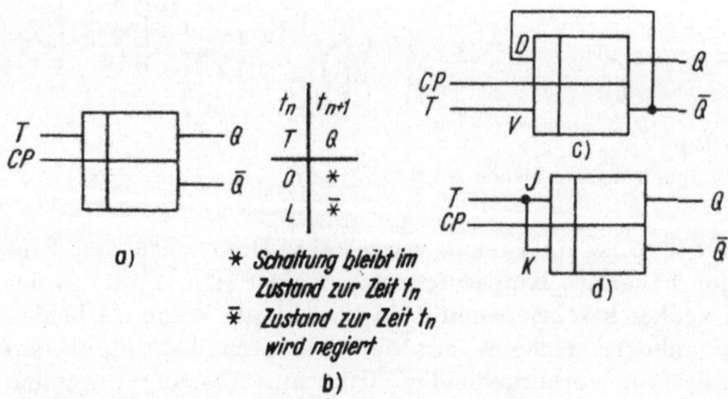

Bild 81. T-Zähl-Flip-Flop

a) Schaltungskurzzeichen; b) Funktionstabelle; c) aus DV-Zähl-Flip-Flop; d) aus JK-Zähl-Flip-Flop

72

7. RT-Logik und ihre Anwendung

Die unter Abschn. 1.4.2. beschriebenen Schaltkreise finden vorwiegend beim
Aufbau von logischen Schaltungen Verwendung. In der Rechentechnik spricht
man von der „dritten Generation" der elektronischen Bauweise, nachdem man
Röhrengeräte zur ersten und Transistorgeräte zur zweiten Generation erklärt
hat.

In diesem Abschnitt werden die zum ursamat-System gehörenden ursalog-s-
Bausteine der langsam schaltenden Baureihe D_1 als ein Beispiel für zahlreiche
auf dem Weltmarkt befindliche Bausteinsysteme gewählt. Die dabei verwendeten Benennungen, Schaltungskurzzeichen und Symbole[1]) sind vorwiegend der
Literatur [2] [4] [26] entnommen worden.

Die Baureihe wird technologisch in Dünnschicht-Hybrid-Technik und schaltungstechnisch in RT-Logik ausgeführt. Die erforderlichen Transistoren werden als
npn-Transistoren in Silizium-Planar-Epitaxie-Technik hergestellt und nachträglich auf die mit Leiterzügen und Widerstandsbauelementen versehenen Sub-
stratplättchen aufgesetzt (Bild 82). Die kompletten Bausteine haben die Bauformen der KME 3-Technik.

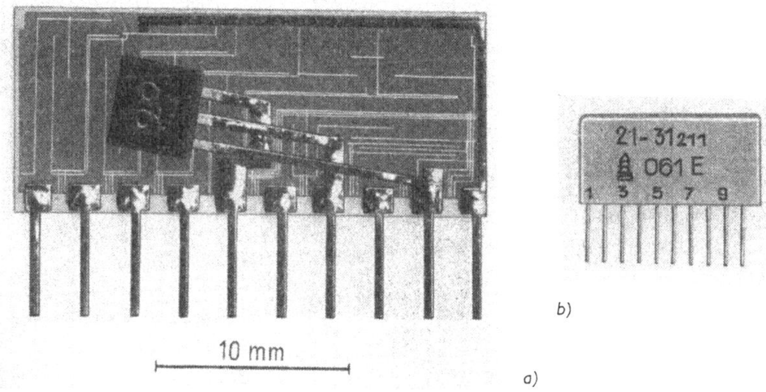

Bild 82. KME 3-Schaltkreis
(Foto: VEB Keramische Werke Hermsdorf)
a) Innenansicht; b) mit Metallbecher verschlossen (natürliche Größe)

7.1. Aufbau und Kenndaten der Baureihe

Die Baureihe besteht nur aus NOR-Gliedern: NOR 3, NOR 4 und Vorsatz-NOR.
Wie aus den Stromlaufplänen im Bild 83 zu erkennen ist, liegen die disjunktiven
Schaltungseingänge E_1 bis E_4 an den Widerständen W_{11} bis W_{14}. Über den Wider-
stand W_2 wird die Sperrspannung U_2 an die Basis des Transistors gelegt. Der
Kollektorwiderstand W_3 kann durch Parallelschalten der Widerstände W_4 (bei
NOR 4) oder W_4 und W_5 (bei NOR 3) vermindert werden, wenn es die Belastungs-
verhältnisse erforderlich machen. Daraus folgt, daß immer nur ein logischer

---

[1]) In den folgenden Beschreibungen und Bildern werden die Widerstände auf den Bausteinen
mit W und die externen Widerstände zwischen den Bausteinen mit R bezeichnet.

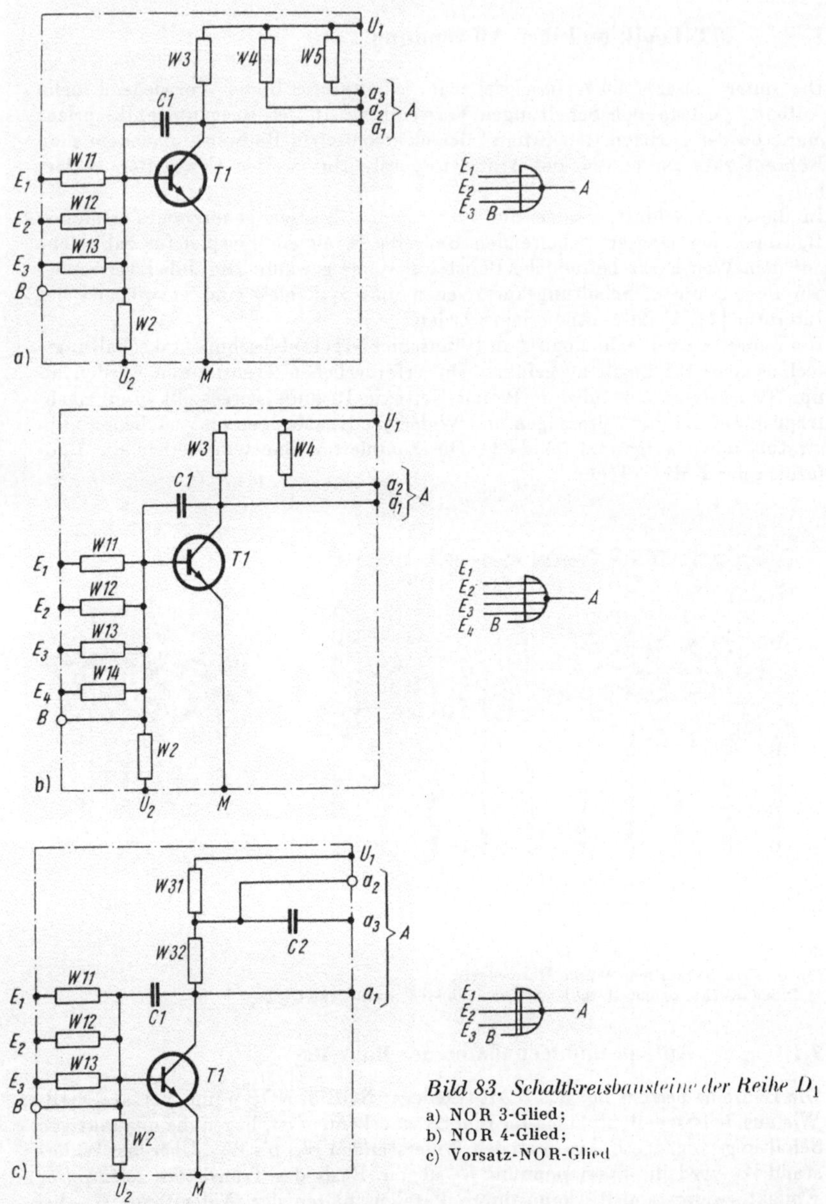

Bild 83. *Schaltkreisbausteine der Reihe* D_1
a) NOR 3-Glied;
b) NOR 4-Glied;
c) Vorsatz-NOR-Glied

Ausgang A verfügbar ist, obwohl die NOR-Glieder mehrere Schaltpunkte a_n besitzen. Da der Transistor in npn-Schichtfolge aufgebaut ist, muß die Kollektorspannung U_1 positiv und die Sperrspannung U_2 negativ sein. Der Gegenkoppelkondensator C_1 hat die Aufgabe, die Zuverlässigkeit der Schaltvorgänge zu erhöhen. Allerdings setzt er auch die Arbeitsfrequenz der Baureihe herab. Der Schaltkreis NOR 3 kann wahlweise mit einem, zwei oder drei Eingängen beschaltet werden. Am Schaltkreis NOR 4 müssen dagegen stets alle vier Eingänge belegt sein.

Das Vorsatz-NOR hat einen höheren Eingangswiderstand R_e als die übrigen Glieder. Nicht beschaltete Eingänge müssen beim Vorsatz-NOR mit dem Nullpotential (M) verbunden sein. Von den drei Ausgängen wird a_1 bei statischer, a_3 bei dynamischer Ansteuerung des Nachfolgegliedes und a_2 bei Prüfungen belegt.

Alle Bausteintypen haben einen zusätzlichen Eingang B zur direkten Ansteuerung der Basis.

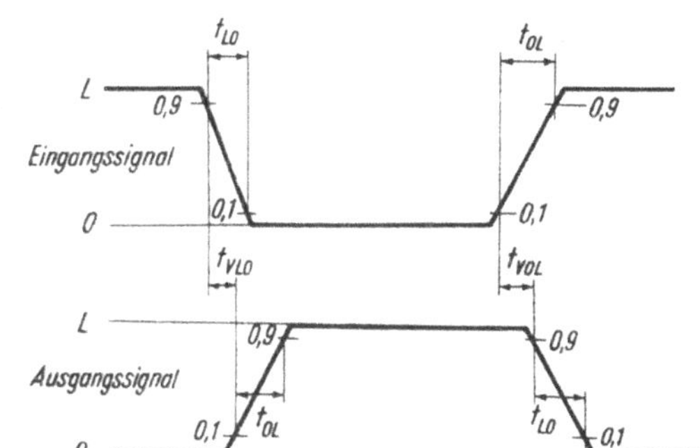

Bild 84
Schaltzeiten der Signale
an Schaltkreisen
der Baureihe D_1

Die Kenndaten für die normierten L/0-Signale sind im Bild 84 erläutert und in Tafel 6 zusammen mit einigen Kenndaten der Baureihe D_1 angegeben.

Die maximale Arbeitsfrequenz wird für eine Kette von 8 Schaltkreisen mit 15 kHz angegeben. Die Umgebungstemperatur ϑ kann im Bereich von -10 bis $+70\,°C$ liegen.

Tafel 6. Einige wichtige Kenndaten der KME 3-Bausteine (Baureihe D_1)

	NOR 3	NOR 4	Vorsatz-NOR
Betriebsspannung			
U_1 in V		$+12 \pm 5\%$	
U_2 in V		$-4 \pm 5\%$	
Signalspannung			
L in V		$+7,5 \cdots +12$	
Eingang O in V	$0 \cdots +0,5$		$+0,1 \cdots +0,5$
Ausgang O in V		$+0,1 \cdots +0,5$	
Anstiegszeit t_{0L} in µs		$3,5 \cdots 12$	
Abfallzeit t_{L0} in µs		$2,5 \cdots 8$	
Einschaltverzögerung t_{V0L} in µs	$\sim 7,5$	~ 8	$\sim 7,5$
Ausschaltverzögerung t_{VL0} in µs	$\sim 7,5$	~ 8	$\sim 7,5$
Eingangswiderstand R_e in kΩ	~ 15	~ 15	~ 45

s. Bild 84

7.2. NICHT-, NOR- und ODER-Schaltungen

Einen Negator erhält man aus dem Baustein NOR 3, wenn man ihn nur an
einem Eingang beschaltet.
NOR-Schaltungen mit zwei oder drei Eingängen werden ebenfalls mit NOR 3-
Bausteinen ausgeführt. Für NOR-Schaltungen mit vier Eingängen ist der
Baustein NOR 4 zu verwenden. Sind mehr als vier Eingänge erforderlich, wird
eine entsprechende Anzahl von NOR 3- oder NOR 4-Gliedern parallelgeschaltet.
Für eine nicht negierte Disjunktion (ODER) muß man zwei Bausteine hinter-
einanderschalten. Bild 85 zeigt ein Beispiel für eine ODER-Schaltung mit drei
Eingängen.

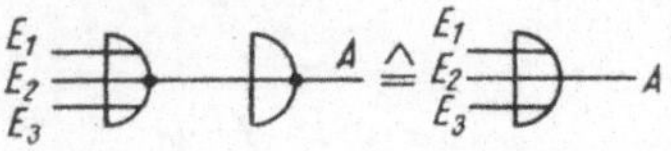

Bild 85. ODER-Glied
Schaltungskurzzeichen

7.3. Astabiler Multivibrator

Einen astabilen Multivibrator erhält man durch Zusammenschalten von zwei
NOR 3-Gliedern unter zusätzlicher Verwendung von je zwei Widerständen
(R_k und R'_k) und den Kondensatoren C und C' (Bild 86).
Die Schaltfrequenz des Multivibrators wird durch diese zusätzlichen Bauelemente bestimmt. In geringem Umfang wird sie auch durch die Umgebungstemperatur ϑ beeinflußt. Der Hersteller gibt im Technischen Datenblatt die
Beziehung

$$f/_{\text{Hz}} = \frac{K}{C/_{\text{nF}}} \quad {}^{1)}$$

an. Wenn $C = C'$ und $R_k = R'_k = 30\ \text{k}\Omega$ sind, nimmt bei $\vartheta = +25\,°\text{C}$ die
Konstante den Wert

$$K = 37 \cdots 27$$

an.
Beim Aufbau der Schaltung wird $C = C'$ annähernd bestimmt und der Fein-
abgleich durch Verändern von R_k und R'_k vorgenommen. Durch Vergrößern der
Widerstände wird die Frequenz vermindert, durch Verkleinern erhöht.
Die Eingänge E und E', die i. allg. bei astabilen Multivibratoren nicht üblich
sind, können durch Vorschalten von Vorsatz-NOR-Gliedern zum Starten und
Stoppen der Schaltung benutzt werden. Bild 86 d zeigt ein Beispiel dafür. Wenn
das Eingangssignal S von L auf 0 springt, wird der Multivibrator gestartet.
Liegt an S die L-Spannung an, bleibt die Schaltung so stehen, daß am Ausgang A'
ebenfalls L steht. Bei dieser Schaltung kann grundsätzlich nur der Ausgang A'
belastet werden.

7.4. Schwellwertschalter

Schaltet man zwei NOR 3-Glieder so zusammen, daß das Ausgangssignal der
zweiten Stufe über einen Koppelwiderstand R_k auf den Basiseingang B der

---

[1] In der zugeschnittenen Größengleichung bedeutet $f/_{\text{Hz}}$ „Frequenz gemessen in Hertz" und
$C/_{\text{nF}}$ „Kapazität gemessen in Nanofarad". Durch diese Festlegung wird die Größe K dimensionslos.

ersten zurückgeführt wird, erhält man einen Schwellwertschalter (Bild 87). Die Schaltung kann sowohl durch sinusförmige Spannungen, durch Impulse mit großen Anstiegszeiten als auch durch langsam ansteigende Gleichspannungen angesteuert werden.

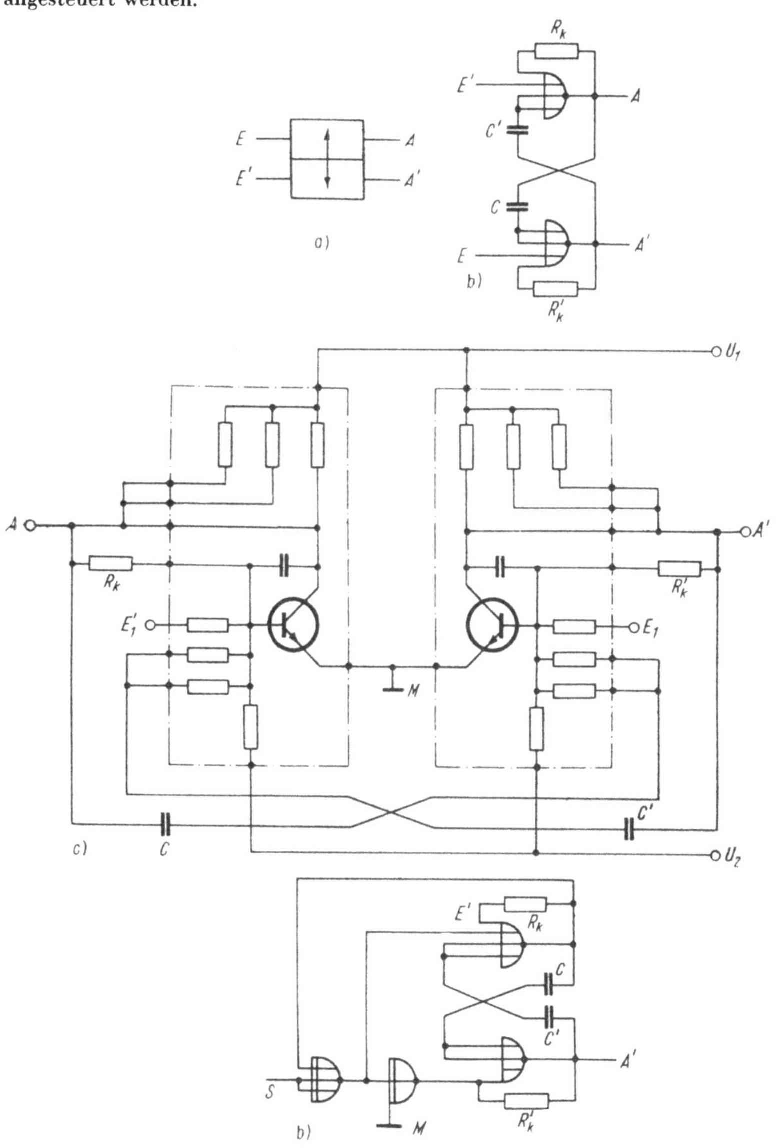

Bild 86. *Astabiler Multivibrator*

a) Schaltungskurzzeichen; b) Schaltung mit zwei NOR 3-Gliedern; c) Stromlaufplan;
d) Start und Stopp der Schaltung

Wie aus Bild 87b ersichtlich ist, können die Eingänge der NOR-Glieder zusammengeschaltet werden. Um den symmetrischen Betrieb beider Stufen zu garantieren, müssen beide Stufen in der gleichen Weise beschaltet werden. Durch die Art der Eingangsschaltung und die Höhe des Widerstandswertes R_k werden die Schwellspannungen U_{s1} (Sprung 0/L) und U_{s2} (Sprung L/0) bestimmt. Grundsätzlich ist die Schwellspannung U_{s1} mit etwa 1,5 ··· 3,5 V höher als U_{s2}

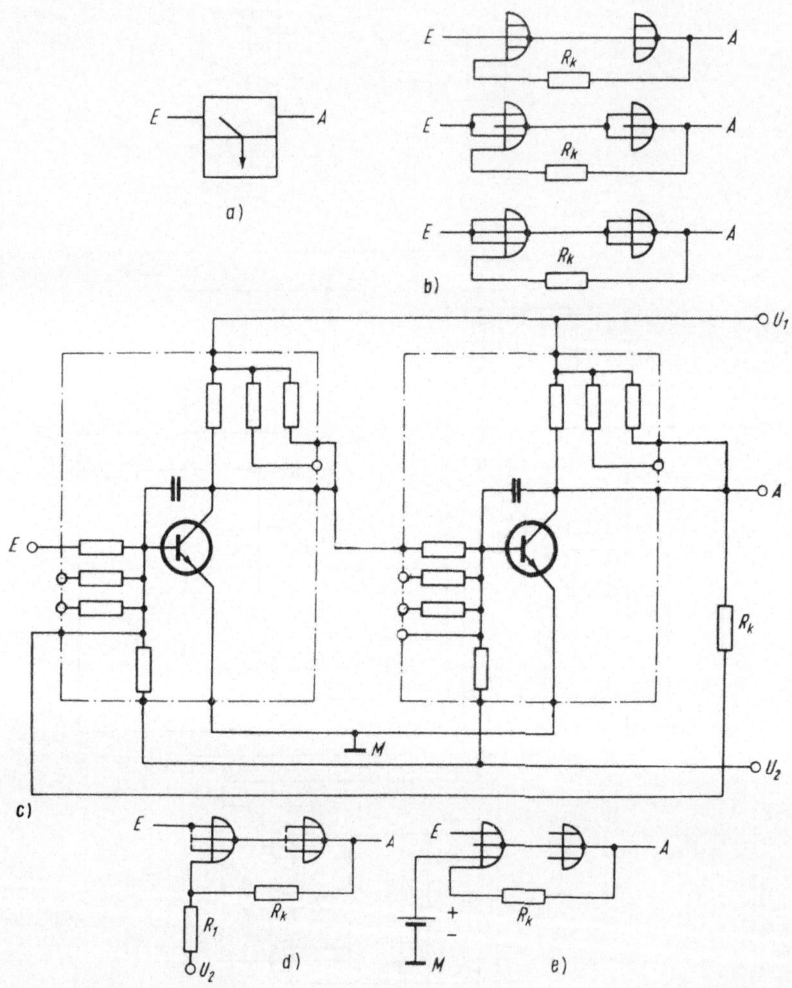

Bild 87. Schwellwertschalter

a) Schaltungskurzzeichen
b) Schaltung mit zwei NOR 3-Gliedern in verschiedenen Ausführungen
c) Stromlaufplan
d) Erhöhen der Ansprechschwelle
e) Vermindern der Ansprechschwelle

mit etwa $0{,}5 \cdots 1{,}8$ V. Die Ansprechschwelle U_{s1} kann dadurch erhöht werden, daß die Spannung U_2 über einen Widerstand R_1 an den B-Eingang des ersten NOR-Gliedes gelegt wird (Bild 87 d).

Durch Anlegen einer positiven Vorspannung an einen nichtbelegten Eingang der ersten Stufe kann die Schwellspannung U_{s1} vermindert werden (Bild 87 e). Zur genauen Einstellung der Ansprechschwelle ist in jedem Fall ein Einstellwiderstand — bei Anschluß einer Vorspannung als Spannungsteiler — vorzusehen.

7.5. Monostabiler Multivibrator

Monostabile Multivibratoren können in zwei Varianten aufgebaut werden.

7.5.1. *Variante A*

Die Variante A besteht aus je einem NOR 4- und NOR 3-Glied sowie einer Z-Diode Gr, einem Kondensator C_V und zwei externen Widerständen R_R und R_V (Bild 88).

Bei einem Sprung 0/L am Eingang E erscheint am Ausgang A ein Impuls, dessen Breite t_V von der Kapazität C_V und der Summe der Widerstände W_{21} und R_V abhängt. Dafür gilt annähernd die Beziehung:

$$t_V \approx 0{,}3 C_V \cdot (R_V + W'_{21})$$

Für die externen Bauelemente werden vom Hersteller folgende Kenndaten empfohlen:

$$R_R = 860\ \Omega \pm 2\%$$

$$C_V = 2200\ \text{pF} \cdots 500\ \mu\text{F}$$

R_V ist abhängig vom C_V:

$$\text{für } C_V < 1\ \mu\text{F} \quad \text{wird} \quad R_V = 4{,}1 \cdots 8{,}2\ \text{k}\Omega$$

$$C_V \geq 1\ \mu\text{F} \quad\quad R_V = \ \ 0 \cdots 8{,}2\ \text{k}\Omega$$

gewählt.

Als Z-Diode wird der Typ SZX 19/5,1 vorgeschlagen.

An die Eingangssignale werden folgende Bedingungen gestellt:

a) ist der Eingangsimpuls kleiner als t_V, muß die Mindestdauer 6 µs betragen

b) ist die Impulsbreite das Eingangssignals gleich oder größer als t_V, muß zwischen dem Ende eines Impulses und dem Erscheinen eines nächsten Impulses die Rückladezeit t_R liegen, in der die Schaltung erneut die Startbereitschaft erreicht. Die Rückladezeit t_R ist abhängig von t_V und beträgt

$$\text{bei} \quad\quad C_V < 10\,000\ \text{pF}:$$

$$t_R \leq 20\% \text{ von } t_V$$

$$\text{bei} \quad\quad C_V \geq 10\,000\ \text{pF}:$$

$$t_R \leq 10\% \text{ von } t_V$$

Die Ausgangssignale haben im Zustand 0 die Spannung $0{,}1 \cdots 0{,}5$ V und im Zustand L die Spannung $+7.5 \cdots +12$ V. Zwischen den 0/L-Sprüngen am Eingang und Ausgang liegt die Verzögerungszeit $t_{VLL} \leq 10$ µs.

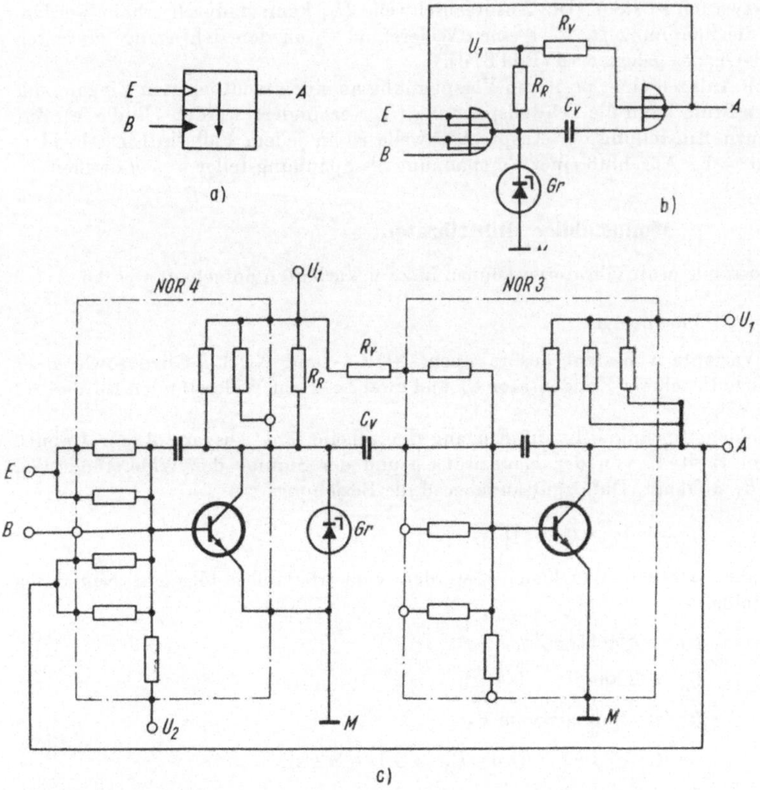

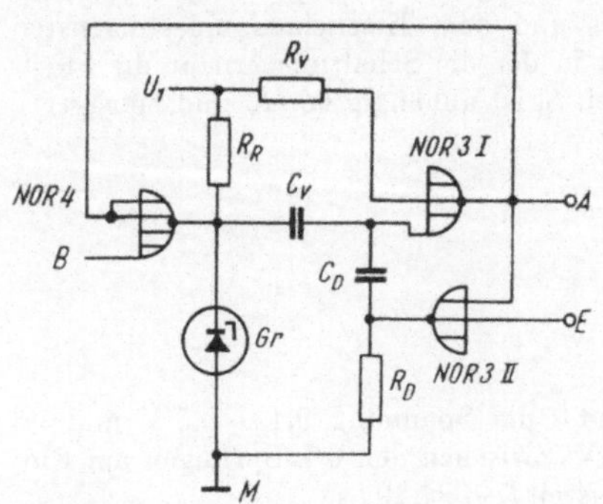

Bild 88. Monostabiler Multivibrator (Variante A)

a) Schaltungskurzzeichen
b) Schaltung mit je einem NOR 3- und NOR 4-Glied
c) Stromlaufplan

Bild 89. Monostabiler Multivibrator (Variante B)

Schaltung mit einem NOR 4- und zwei NOR 3-Gliedern

7.5.2.   *Variante B*

Die Variante B wird aus einem NOR 4-, zwei NOR 3-Glieder, einer Z-Diode,
zwei Kondensatoren und drei externen Widerständen aufgebaut (Bild 89). Der
Vorteil dieser Schaltung gegenüber der Variante A liegt darin, daß bei Eingangsimpulsen mit einer Breite größer als t_V nicht die volle Rückladezeit t_R vergehen
muß, bis die Schaltung erneut startbereit ist. Bereits 10 µs nach Ende des An-
steuerimpulses kann die Schaltung erneut gestartet werden.
Für die Bauelemente R_R, C, R_V und C_V werden die gleichen Kenndaten wie bei
Variante A genannt. Für die zusätzlichen Bauelemente wird empfohlen:

$$R_D = 1,5 \text{ k}\Omega \pm 2\%$$

$$C_D = 2200 \text{ pF} \pm 20\%$$

Alle übrigen Kenndaten der Schaltung stimmen mit denen der Variante A überein.

7.6.   Bistabiler Multivibrator

Bistabile Multivibratoren können für statische und für dynamische Ansteuerung
aufgebaut werden.

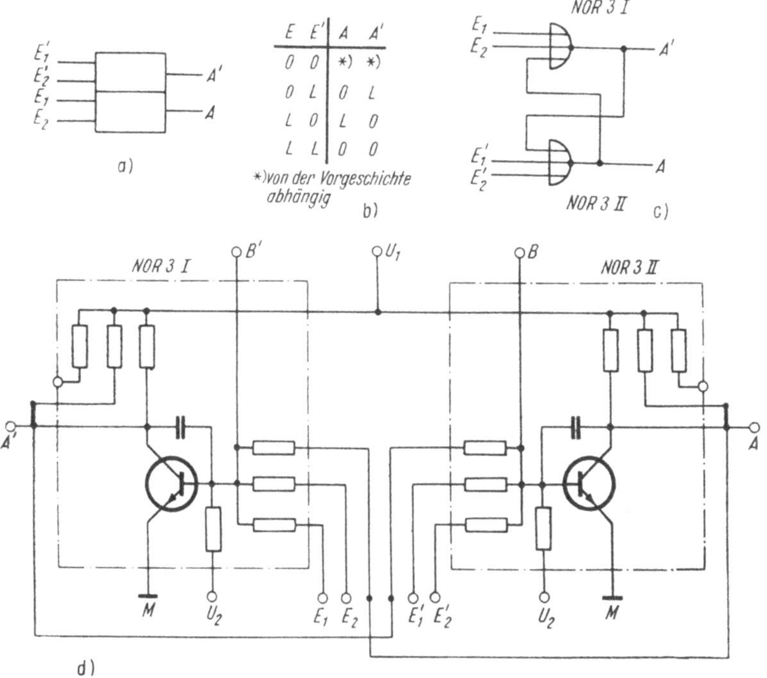

Bild 90. Bistabiler Multivibrator mit statischer Ansteuerung
a) Schaltungskurzzeichen; b) Funktionstabelle; c) Schaltung mit zwei NOR 3-Gliedern;
d) Stromlaufplan

7.6.1. *Bistabiler Multivibrator für statische Ansteuerung*

Für statische Ansteuerung werden zwei NOR 3-Glieder nach Bild 90 zusammengeschaltet. Nach Ansteuerung der Eingänge E_1 oder E_2 mit einem L-Signal liegt am Ausgang A ebenfalls L. Bei Ansteuerung der E'-Eingänge liegt L an A'. Am jeweils anderen Ausgang liegt dann 0. Der Ausgangszustand bleibt bestehen, wenn das Eingangssignal von L auf 0 zurückkippt.

Die Ausgangssignale haben die gleichen Kenndaten wie die der monostabilen Multivibratoren.

Zwischen Eingangs- und Ausgangssignal liegt wiederum eine Verzögerungszeit, die als Kippzeit mit $t_{KE} \leq 15$ µs angegeben wird.

7.6.2. *Bistabiler Multivibrator für dynamische Ansteuerung*

Der bistabile Multivibrator für dynamische Ansteuerung besteht aus je zwei NOR 3- und Vorsatz-NOR-Gliedern (Bild 91). Die E- und E'-Eingänge sind für statische, die D- und D'-Eingänge für dynamische Ansteuerung vorgesehen. Das heißt, am Ausgang A erscheint dann ein Signal L, wenn am Eingang E_1 oder E_2 die Spannung L anliegt oder an D_1 oder D_2 ein Sprung 0/L erfolgt. Die gleichen Zusammenhänge bestehen zwischen E'- und D'-Eingängen und dem A'-Ausgang. Die Funktionstafel im Bild 91b stellt die zulässigen Kombinationen dar. Alle nicht angegebenen aber möglichen Kombinationen sind verboten, d. h., sie geben am Ausgang keine eindeutigen Signale.

Für Eingangs- und Ausgangssignale werden die bereits genannten Kennwerte angegeben. Die Anstiegszeit der Eingangssignale darf bei Signalspannung 7,5 V

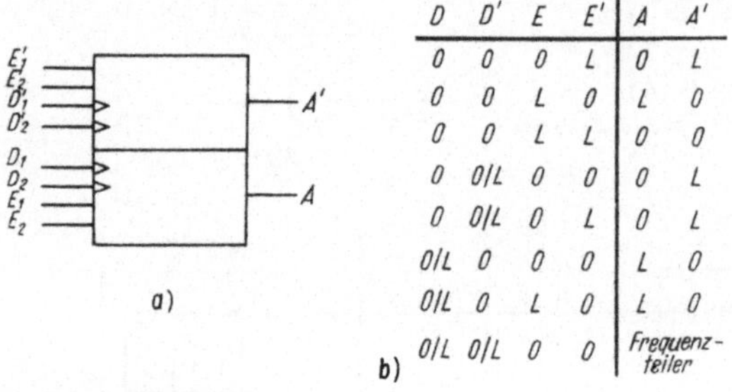

D	D'	E	E'	A	A'
0	0	0	L	0	L
0	0	L	0	L	0
0	0	L	L	0	0
0	0/L	0	0	0	L
0	0/L	0	L	0	L
0/L	0	0	0	L	0
0/L	0	L	0	L	0
0/L	0/L	0	0	Frequenz-teiler	

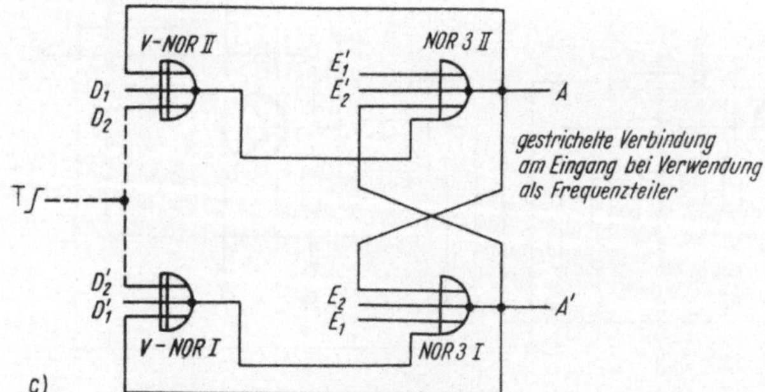

Bild 91. Bistabiler Multivibrator mit dynamischer Ansteuerung
a) Schaltungskurzzeichen; b) Funktionstabelle; c) Schaltung mit je zwei Vorsatz-NOR- und NOR 3-Gliedern

$t_{an} = 12\,\mu s$ nicht übersteigen. Die Kippzeit beträgt bei statischer Ansteuerung $t_{KE} \leq 20\,\mu s$, bei dynamischer Ansteuerung $t_{KD} \leq 15\,\mu s$. Die maximale Taktfolgefrequenz wird mit $f_T = 15\,kHz$ bei Impulspausen von mindestens $33\,\mu s$ angegeben.

7.7. Zähler und Schieberegister

Durch Zusammenschalten von Multivibratoren mit dynamischer Ansteuerung lassen sich Zähler und Schieberegister aufbauen.

7.7.1. *Zähler*

Von mehreren Möglichkeiten zum Aufbau von Zählern soll hier nur der vierstufige Vorwärtszähler beschrieben werden (Bild 92).

Über den Eingang R kann die Schaltung vor Beginn des Zählvorgangs auf Null gestellt werden. Dazu muß die Spannung des L-Signals über die Rückstellzeit t_{Rst} oder länger anliegen. Die Rückstellzeit wird aus

$$t_{Rst} \leq t_{KE} + (n - 1) \cdot (t_{KD} + t_{KE})$$

berechnet. Dabei sind t_{KD} und t_{KE} die unter Abschn. 7.6. genannten Kippzeiten und n die Anzahl der Multivibratorstufen. Während des Zählens darf an R keine Spannung anliegen.

Am Eingang T wird die zu zählende Impulsfolge eingespeist. Der Zähler zählt die 0/L-Sprünge. Für den Durchlauf eines 0/L-Sprunges durch die gesamte Kette wird die Zeit

$$t_{D} \leq n \cdot t_{KD}$$

benötigt.

Die Eingänge E und E' der einzelnen Stufen können — gleichfalls vor Beginn des Zählvorgangs — zum Voreinstellen dieser Stufen dienen. Dazu wird die L-Signalspannung benötigt, die für die Dauer der Voreinstellzeit t_{Vst} oder länger anliegen muß. Die Voreinstellzeit wird auf die gleiche Weise wie die Rückstellzeit berechnet.

Für die Anzeige oder weitere Verarbeitung der gezählten Impulse nach Abschluß des Zählvorgangs können die Ausgänge $A_{0...3}$ oder $A'_{0...3}$ gewählt werden. Bei direkter Anzeige erscheinen Zahlen in dualer Darstellung (s. Abschn. 5.5.).

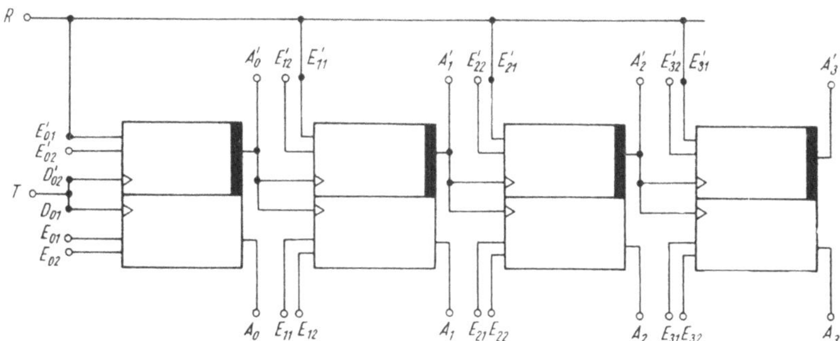

Bild 92. Zähler für vier Dualstellen

Die zulässige maximale Impulsfolgefrequenz, die der Zähler aufnehmen kann, beträgt 15 kHz, wobei sowohl Impulsbreite als auch Impulspausen $\geq 33\,\mu s$ betragen sollen.

7.7.2. *Schieberegister*

Das im Bild 93 durch Symbole dargestellte Schieberegister ist ebenfalls aus vier Multivibratoren mit dynamischer Ansteuerung aufgebaut. Über den Eingang R kann das Register auf Null und über die Eingänge E und E' auf beliebige Anfangswerte gestellt werden. Am Eingang T wird der Schiebetakt eingespeist. Mit jedem einzelnen Taktimpuls werden die in der Kette stehenden Signale um eine Stufe weitergeschoben. Die Schiebezeit t_s, in der ein Impuls vom Eingang D'_{01} oder D_{02} bis zum Ausgang A_3 bzw. A'_3 durchgeschoben wird, beträgt

$$t_s \leq \frac{n}{f_T} - t_p$$

Dabei ist n die Anzahl der Multivibratorstufen, f_T die Taktfrequenz (≤ 15 kHz) und t_p die Impulsbreite ($\geq 33\,\mu s$).

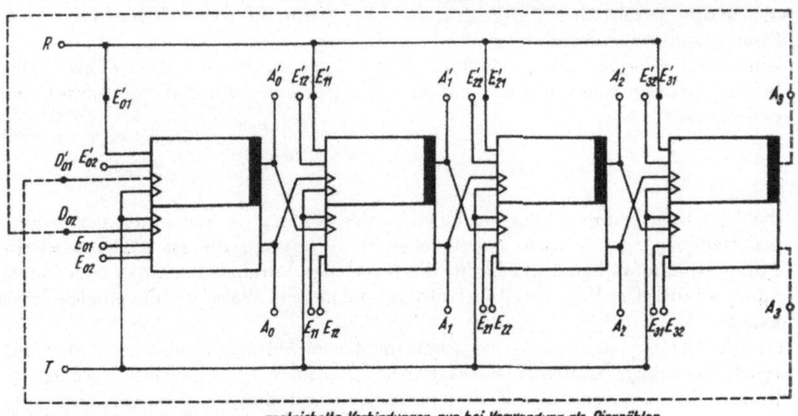

Bild 93. *Schieberegister für vier Dualstellen*

Mit der Schaltung können Informationen aus der Seriendarstellung in Paralleldarstellung umgewandelt werden. Dazu werden die Informationen bei D'_{01} oder D_{02} eingespeist und an den Ausgängen $A_{0...3}$ oder $A'_{0...3}$ abgenommen. Bei der Umwandlung aus der Paralleldarstellung in die Seriendarstellung wird bei $E_{01...32}$ oder $E'_{01...32}$ eingespeist und bei A_3 bzw. A'_3 abgenommen.

Werden die Ausgänge A_3 und A'_3 mit den dynamischen Eingängen D'_{01} und D_{02} verbunden, arbeitet die Schaltung als Ringzähler. Eine einmal eingegebene Information, die bei n Multivibratoren auch aus n Binär- oder Dualstellen (Bits) bestehen kann, läuft ständig um.

Die Kenndaten des Schieberegisters stimmen weitgehend mit denen des Zählers gemäß Abschn. 7.7.1. überein.

8.   Ausblick

Die in den letzten Jahren entwickelte Tendenz der technischen Elektronik läßt das Vordringen der Schaltkreistechnik eindeutig erkennen. Dabei können gegenwärtig die Grenzen dieser Entwicklung nur grob umrissen werden.

Stromversorgungseinrichtungen und Verstärker werden weithin mit Halbleiterbauelementen ausgestattet sein. Vakuum- und gasgefüllte Röhren werden sich noch über lange Zeit in den Baustufen mit großer Ausgangsleistung behaupten können. In diesen Bereichen werden Schaltkreisbausteine nur dort Anwendung finden, wo deren geringe Schaltleistung ausreicht. Das sind vorwiegend leistungsarme Regelglieder und Vorverstärkerstufen.

Dagegen wird die Informationselektrik (d. h. Nachrichtentechnik und Datentechnik) sowie die Steuerungs- und Regelungstechnik in zunehmendem Maß mit Schaltkreisbauelementen arbeiten.

Innerhalb der Schaltkreistechnik macht sich in technologischer Richtung die Ablösung der Dünnfilmtechnik durch die Halbleiterblocktechnik und die darauf aufbauenden Hybridtechniken bemerkbar. In der schaltungstechnischen Richtung wird die RT-Logik durch die DT-Logik und die TT-Logik und deren Varianten abgelöst werden. Seit kurzer Zeit werden optoelektronische Bausteine entwickelt. In diesen sind die Signaleingänge an Lichtsender (z. B. Lumineszens-Diode gelegt und die eingehenden elektrischen Signale werden in Lichtsignale umgewandelt. Diese können — wie elektrische Signale — nach den Regeln der Schaltalgebra logisch verknüpft oder nach anderen Vorschriften umgewandelt werden. In einem Lichtempfänger (Fotodiode oder Fototransistor) werden die Lichtsignale wieder in elektrische umgesetzt. Am Ausgang der Bausteine stehen wieder elektrische Signale zur weiteren Verwendung zur Verfügung. Der Vorteil der Optoelektronik besteht u. a. darin, daß die Eingänge und Ausgänge eines Bausteins elektrisch vollständig entkoppelt sind. Es ist zu erwarten, daß mit der Entwicklung neuer Bausteine eine Weiterentwicklung und Spezialisierung der herkömmlichen Baustufen eintritt, wie in diesem Band am Beispiel der Flip-Flop-Baustufen beschrieben worden ist.

Literaturverzeichnis

Hinweise auf Bände der REIHE AUTOMATISIERUNGSTECHNIK wurden durch [RA...] gekennzeichnet.

[1] *Armgarth, D.:* Schaltungen zur Realisierung von logischen Funktionen in DTL und RTL. Nachrichtentechnik (1967) H. 6.

[2] Auszug aus dem vorläufigen technischen Datenblatt der Baureihe D_1. Herausgeber: VEB Keramische Werke Hermsdorf 1967.

[3] *Bruchholz, U. E.:* Ein transistorisierter Sägezahngenerator. radio und fernsehen (1966) H. 6.

[4] Elektrisch-digitale Bausteine ursalog-s im System ursamat, Baureihe D_1. Herausgeber: Institut für Regelungstechnik Berlin 1967/68.

[5] *Fleischmann, W.:* Eine Systematik der zusammengesetzten bistabilen Kippstufen. Elektronische Rechenanlagen (1968) H. 1.

[6] *Friedrich, H.:* 10-W-Verstärker mit Transistoren (Bauanleitung). radio und fernsehen (1967) H. 11.

[7] *Graichen, G.:* Astabiler Multivibrator mit stark veränderbarem Tastverhältnis. radio und fernsehen (1966) H. 21.

[8] *Jakits, D.:* Spezifische Eigenschaften von Elementen integrierter Schaltungen. radio und fernsehen (1966) H. 20.

[9] *Jakubaschk, H.:* Universelle elektronische Überstromsicherung. radio und fernsehen (1967) H. 3.

[10] *Jakubaschk, H.:* Ein einfacher Tiefstfrequenzgenerator. radio und fernsehen (1967) H. 11.

[11] *Just, H.:* Ein kombinierter Sinus-Rechteckgenerator (Bauanleitung). radio und fernsehen (1967) H. 2.

[12] *Keller, H.:* Die Silizium-Vierschichtdiode. Intermetall-Sonderdruck Nr. 13/1966.

[13] *Khambata, A.:* Einführung in die Mikroelektronik. Berlin: VEB Verlag Technik 1966.

[14] *Lagemann, K.:* Das DV-Flipflop, ein neuartiges Schaltglied und seine Vorzüge gegenüber dem JK-Flipflop. Elektronische Rechenanlagen (1967) H. 1.

[15] *Lagemann, K.:* Die verschiedenen Flipfloparten und ihre Beschreibung durch Wahrheitstabellen. Valvo Berichte Band XIII (1967) H. 5.

[16] Lehrbuch der Automatisierungstechnik, Autorenkollektiv. Berlin: VEB Verlag Technik. 2. Aufl. 1966.

[17] *Meyer, K.:* Dimensionierung eines Frequenzteilers mit Si-Planartransistoren. radio und fernsehen (1967) H. 21.

[18] *Mielke, H.; Sydow, R.:* Transistor-NF-Verstärker mit hohem Eingangswiderstand. Intermetall-Sonderdruck Nr. 36/1966.

[19] *Passynkow, W. W., u. a.:* Nichtlineare Halbleiterwiderstände. automatisierungspraxis (1965) H. 10.

[20] *Pulvers, M.:* Digitale Schaltkreise in RT-Technik. radio und fernsehen (1966) H. 2. u. 3.

[21] *Rudolph, A.:* Astabiler Multivibrator mit Tunneldiode. radio und fernsehen (1966) H. 11.

[22] *Rumpf, K. H.;* Bauelemente der Elektronik. Berlin: VEB Verlag Technik. 6. Aufl. 1968.

[23] *Rumpf, K. H.; Pulvers, M.:* Transistor-Elektronik. Berlin: VEB Verlag Technik. 3. Aufl. 1967.

[24] *Sager, D.:* Die Technik der integrierten Schaltungen. radio und fernsehen (1966) H. 15 u. 16.

[25] *Sager, D.:* Transformatorloser Gleichspannungswandler. radio und fernsehen (1967) H. 11.

[26] *Schäfer, M.; Pulvers, M.:* Eine universelle Baureihe für die Digitaltechnik in Dünnschicht-Hybrid-Technik. Nachrichtentechnik (1968) H. 3.

[27] *Völz, H.:* Elektronische Spannungsstabilisation. Berlin: VEB Verlag Technik 1966.

[28] *Wahl, R.:* Elektronik für Elektromechaniker. Ein Handbuch. Berlin: VEB Verlag Technik. 2. Aufl. 1968.

[29] *Wirth, G.:* Ein transistorstabilisiertes regelbares Netzgerät. radio und fernsehen (1965) H. 7.

[30] *Zahnert, K.:* Rückführungen in Zählern mit bistabilen Multivibratoren. radio und fernsehen (1965) H. 2.

Sachwörterverzeichnis